瞄准月亮，至少射中老鹰
解密职业生涯关键点的思维模式

郭特利　卢智芳　史书华　著

辽宁科学技术出版社
·沈阳·

版权所有©郭特利／口述；卢智芳、史书华／采访整理
本书版权经由天下杂志股份有限公司授权
辽宁科学技术出版社有限责任公司简体版权，
委任安伯文化事业有限公司代理授权
非经书面同意，不得以任何形式任意重制、转载。

©2013，简体中文版权归辽宁科学技术出版社所有。
本书由中国台湾天下杂志股份有限公司授权辽宁科学技术出版社在中国大陆独家出版简体中文版本。著作权合同登记号：06-2012第229号。
版权所有·翻印必究

图书在版编目（CIP）数据

瞄准月亮，至少射中老鹰：解密职业生涯关键点的思维模式/ 郭特利，卢智芳，史书华著. —沈阳：辽宁科学技术出版社，2013.5
 ISBN 978-7-5381-8009-1

Ⅰ.①瞄… Ⅱ.①郭… ②卢… ③史… Ⅲ.①成功心理—通俗读物 Ⅳ.①B848.4-49

中国版本图书馆CIP数据核字（2013）第070870号

出版发行：辽宁科学技术出版社
　　　　　（地址：沈阳市和平区十一纬路29号　邮编：110003）
印 刷 者：沈阳天正印刷厂
经 销 者：各地新华书店
幅面尺寸：145mm×210mm
印　　张：6.5
字　　数：120千字
出版时间：2013年5月第1版
印刷时间：2013年5月第1次印刷
责任编辑：王　实
封面设计：琥珀设计
版式设计：琥珀设计
责任校对：唐丽萍

书　　号：ISBN 978-7-5381-8009-1
定　　价：29.80元

联系编辑：024-23284370
邮购热线：024-23284502
E-mail：ganluhai@163.com
http：//www.lnkj.com.cn

本社法律顾问：陈光律师
咨询电话：13940289230

写给中国大陆读者朋友们

一本旨在帮助海峡两岸年轻朋友们"轻松过好生活"的书

奥图码（Optoma）亚洲公司总经理｜郭特利

这原先只是一本写给台湾地区80后年轻朋友们的书，但我们发现，两岸年轻朋友所面对的问题类似，中国大陆的年轻朋友一样可以分享。台湾的经济改革开放，较中国大陆提前了二三十年，所以目前经济发展已经比较成熟和稳定；也因此，对职场的工作者来说，更需要有杰出的表现才比较有机会脱颖而出。同样的道理，可以预期当大陆经济发展更为成熟和稳定时，我们同样需要对职场有更细心的规划与经营，从而达到我们的职业生涯目标。

这是一本我真诚分享自己职业生涯中前20年身为职业经理人的书。我们发现，时代虽然不同，但职场上遇到的问题大同小异。希望通过此书的分享，让大陆年轻朋友有机会通过我过去的经验（包括成功经验与失败经验），避免重复我所犯过的错误，少走冤枉路；以及有一个更成功的职场经验，来轻松过更好的生活，拥有更美满的人生。

对25~45岁的朋友来说，职场上的工作表现对我们生活的影响极为重大。首先，它占据了我们大半清醒（扣除睡眠时间）的时间；其次，我们大多数人都得靠工作换来的工资过生活。所以，对大多数离开学校的年轻朋友而言，如果职场取得成功，相对来说也会有一个较好的生活品质，甚至更有自信的人生态度。综观职场成功人士，归纳其职场成功要素不外乎可分为知识、态度和技巧三个方面。但我们在学校校园里面通常只能学到知识这一方面，而态度与技巧最重要的这两方面，学校既没有教，我们也少有对象可以学习。

本书所形成的背景就在于，如何通过个人过去20年略有小成的职场经验，提供海峡两岸80后年轻朋友来参考。

本书不是教会我们如何成为郭台铭、马云等成功企业家，因为我自己也还不到那样的境界；但我们相信通过本书的分享与参考，年轻朋友应该有机会相对轻松地一步一步成为企业高级经理人，或者是更快乐地在企业中工作。

近年来，我常有机会在海峡两岸之间为年轻朋友们演讲，分享经验；常被听众问到的问题是：如何看待80后年轻人的机会与挑战？我的个人看法是，不论是大陆还是台湾的80后朋友，都有机会见证中国成为全世界最大规模的经济体。这对热衷创业的人而言是个难得的机会，同时对职场的职业经理人而言，也将是个难得的机会；因为我们将有机会在自己的 home base（家园），来担任高级经理人，与和自己同文同种的企业家共同努力。即使在外资企业担任职业经理人，也都会因为中国市场的崛起，而在全球舞台的重要性上，有了比以前更为重要的角色。而在这机会倍增、重要性提高的中国职场舞台上，如何把自己放在一个有利的位置，好好经营，相信对大多数年轻朋友而言，都是重要的课题。因为对多数人而言，如何能有效率地经营好职场生活，这将会是一件"本小利大"的人生投资。

曾有台湾媒体问我，什么是刚入职场的年轻朋友的最佳投资标的？股票、房地产、基金、外汇？从某个角度看，投资自己、提升自己在职场上的技能，可能才是在职场初期更重要的投资。股票、房地产固然有时能帮我们赚进财富，但有时也有一定的风险；而投资自己，提升职场技能，如从投入的成本及未来可能的回报来看，可能投资回报率更为可观！然而，我们常看到年轻朋友在所得不高、身边金钱不多时，就汲汲于金融投资的研究，而忽略了可能投资回报率更为划算的职场训练与"自我投资"。

职场训练的自我投资，可以是参加学校的进修课程（例如更高学位的进修班与 EMBA 等），也可以是积极参与演讲论坛，更容易的是读一本对自己有帮助的书。"开卷有益"虽然是一句古言，但至今仍然适用。书中不一定有颜如玉，但如能找到提升自我能力与改进自我想法的书，加以学习参考，就有机会逐步打造属于自己的黄金屋（通常有了黄金屋，就不难有颜如玉）。

本书是我过去20年的职业生涯经验分享，当中包含了些许可以参考、学习之处，当然也包含了可以引以为鉴，作为改进的 lesson learnt（学习课程）。希望阅读本书的朋友，能从当中有些许参考学习，更希望能由我当年不足之处，引以为鉴，而能有更好的发挥。衷心地希望读者能通过本书，有些启发，从而使自己的职业生涯更成功、更快乐。

希望几年后，能有机会收到读者给我的来信（电子邮件、微博私信），分享自己因本书的某些观点而有所启发，而使自己的职业生涯更上一层楼，那将会是我写这本书最大的成就与骄傲。

（如读者希望与我本人直接交流，可以关注我的新浪微博 http://www.weibo.com/tellykuo 或发 email : telly.kuo@gmail.com）

每个"小题"的后面,都有"大做"的思维

《天下》杂志集团《Cheers》杂志总编辑｜卢智芳

《瞄准月亮,至少射中老鹰》是继《为自己争气》一书后,第二本为迎接《Cheers》杂志十周年,和《天下》杂志出版联合为读者特别策划的礼物。如果说,前一本借着创业家赤手空拳、从无到有实现理想的过程,希望传递给大家的是勇于打破框架的"胆识",那么这本书可能更贴近绝大多数的上班族,因为它谈的是"向上",是一位优秀职业经理人分享如何在组织中不断培养自己、开创舞台的实战经验,是你我在每天的工作中,立刻就可以应用的心得。

《Cheers》杂志长期耕耘职场议题,我们经常在各种活动里跟读者面对面,归纳职场中最令人困惑、痛苦的根源,不外乎两个方面:选择与面对。前者,从读什么、考什么、做什么,到去哪家公司、该不该换跑道,每个转折点都是一次考验;后者,小从面对主管、同事衍生出的人际关系,大到面对顺境、逆境该有的心理素质,也都在挑战当下的智慧。这些问题不见得可以问身边的亲朋好友,上一个时代的答案,也未必适用于今天。如何以更贴近、更诚恳的方式，帮助大家在工作中多一分清明、少一分彷徨，正是我们当初邀请郭总经理共同催生此书的初衷。

在这本书里，没有教条与生硬的道理，郭总经理从"第一份工作"、"第一份工资"、"出国留学好吗？"这些每个人都会碰到的情境谈起，但每个"小题"的后面，都有他"大做"的思维和体会。而作为60后的总经理，郭总经理从外企转战到台湾企业、从做业务到经营品牌营销、从台湾到横跨两岸、放眼亚洲的生涯轨迹，每一步都呼应着大环境的变迁，当中的摸索和判断，相信对70后、80后思考未来如何"走自己的路"时，也极有参考价值。

采访郭总经理将近一年的时间中，我自己已深受启发。在这本书即将付梓之际，除了再次谢谢郭总经理不藏私的慷慨分享外，10年来，《Cheers》杂志始终以协助读者"热情工作、快乐生活"自我期许，我们由衷希望再次借着一本好书，为每个此刻正奋斗中的工作人，带来激励与无限的能量。

推荐序 1

职业生涯开始阶段决定了你的职场高度

联强国际集团总裁兼总经理 | 杜书伍

每个人的职业生涯只有一个，既无法预先规划，也不能重新来过。如同走钢索一样，从踏出社会的第一步开始，职业生涯就是一个摸索与逐步修正的过程，每一步都要步步为营、谨慎抉择，才会稳健扎实、开花结果。然而，未来是无法预知的，外在环境也非个人能掌控，不仅缺乏经验可循，稍一不慎，也可能误判，甚至导致职业生涯方向大转向。假若能够参考过来人的经验与体悟，作为自己探索职业生涯的参考，将很有帮助。

虽然没有任何人的职业生涯是完全相同的，但是，当我们解析成功人士的职业生涯历程时，仍能归纳出一些共通特质：这些特质不外乎需具备喜爱动脑思考的习惯，有持续改善、主动寻求突破方法的毅力与决心，积极主动负责与正直、正向的价值观等。上述特质，有些是从小养成的，有些则是受到踏出社会第一份工作所奠立的价值认知与行事习惯，我将它称之为"职业生涯人格特质"。

就像人格特质是从小受到家庭背景与成长环境影响所塑造的一样，一个人的"职业生涯人格特质"，往往在就业开始阶段的3~5年里就奠定了。你的职业生涯开始阶段的工作环境是属于什么样的行业与专业功能，强调什么样的组织文化与价值观，对质量的观念、做事的方法、以至于精细度的追求有多高等，无形间就在塑造你的工作习惯，养成你对工作的认知。以企业组织而言，企业文化跟所属行业高度相关，经营理念及价值观更是受到创办人或主要领导人的理念与价值观深刻影响；当你的职业生涯初期是在这样的企业文化与环境下工作，价值观与行事作风都在耳濡目染中深受其影响。不管未来转任到什么组织，自然会用先前奠定的价值观与工作习惯来行事与判断，不自觉就影响了你未来一生的职业生涯取向，甚至决定了职业生涯发展的顺遂度与成就高度。所以，慎选职业生涯初始所在的行业与机构组织，非常重要。本书作者秉持着积极、正向、努力、毅力、积极动脑思考与主动寻求突破等特质，以相当年轻的资历即拥有耀眼的职业生涯成就，实属不易。他将其一路走来的心路历程，以现身说法的实例回顾方式，将他所认知的职场伦理，或是面临职业生涯重要抉择等转折的心路历程，撰写成书，足供职场新人参考。然而，不同企业文化所信奉的文化与价值观不同，塑造的"职场人格特质"亦有所差异。本书作者的初期职业生涯是在外企体系中打造的,观念与用词难免偏向外企企业的文化观点,对于有志于在外企开始职业生涯者,有较好的参考价值。

推荐序 2

"有远见"的价值

老爷大酒店集团总经理｜沈方正

诚如封面上"从草根到高管的真实工作之道"所言，这也是我个人读完本书之后的最大感想。特利兄比我年轻，从事的产业也与我完全不同，但令人惊讶的是，撇开这些差异之处，我们在职场上需要克服的困难却几乎完全相同。

一个新人进入职场，从挑选合适的工作、面对学习的过程、争取工作升迁、适应职场文化、经历公司转换、调适人际关系等，无一不是选择上的难题。书中对于这些职场歧路上的决策，提供了很好的思考模式，着实帮助新一代工作者面对本身的挑战；但是，在所有的故事中，最令我印象深刻，也希望跟年轻人共勉的就是——"有远见"的价值。年轻时候的收入、多出来的工作安排、公司里为难你的"恶魔"主管、努力工作时遇到的挫折——这些等于在寻常人眼中"吃苦"的事，"有远见"的人不自怨自艾，当作是在"进补"。一个人的成功故事中，大多数的读者喜欢知道他做得多棒！学他会有多厉害！殊不知成功的人被"电"过多少回，才能走到今天这一步。

　　成功的背后是对自己坚毅的承诺负责，对于在职场奋战多年的敝人而言，深有所感，也相信年轻的朋友能从本书中找到自己的方向和舞台，恭喜特利兄能出版本书，与大家分享心得！

推荐序3

希望有更多个 Telly

前飞利浦（台湾）公司总裁 ｜ 庄钧源

　　Telly（注：郭特利的英文名）找我为此书写序，让我这位"退休人士"重新回忆与整理了一下当年的记忆。在飞利浦（台湾）与 Telly 共事，大约是 10～17 年前的往事。在那七八年间，眼看着 Telly 从一个初出茅庐的小伙子，成长到可以独当一面的职业经理人。虽然 Telly 在许多场合都归功于我的指导，但我想，应该更多是因为 Telly 本身清楚的目标与坚持到底的执行力。

　　看完本书书稿，很高兴看到 Telly 在过去 10 年，依然保持当年我们共事时的努力态度，不仅创造奥图码投影机在亚洲地区的佳绩，更为他的职业生涯创造另一个高峰；也同时为年轻读者们高兴，因为 Telly 在书中，毫不藏私地分享出他积累多年的心得与窍门。15 年前某天清晨，当我走进办公室，发现 Telly 一个人在办公室内已开始工作时，我曾鼓励他："持之以恒，保持这样的认真态度，我相信你未来必有所成。"看来我当年的预言已经成真，也希望通过本书 Telly 的分享，能让更多年轻人的梦想，在自我的努力与坚持之下，也都能逐步成真。推荐这本书，希望在 80 后的年轻朋友当中，能出现更多个 Telly。

推荐序4

懂得惜缘惜福的后起之秀

夏普光电（台湾）副总经理 | 廖聪贤

每当我接到 Telly 的电话时，我总会听到他说又接受了某家杂志的专访，他又跟人说我是他人生中碰到的第一个贵人。每次这样的对话，都会把我的思绪拉回二十几年前的场景，那位年轻、坦诚，跟我说什么都不会，愿意来学习及拥有跆拳道黑带的 Telly，而今已是品牌的创意大师了。这次电话中他问我能否在新书中给他写序文时，我当然一口就答应了他。十几年来在新年时，我总是能接到他那笑声不断又带点稚气的口吻，祝福我新年快乐、身体健康。他真是一个懂得惜缘惜福的后起之秀。

Telly 进入职场后目标极为明确，并以他积极乐观的行事风格，把吃苦当做进补，不断地学习积累实务经验，不但在专业上被肯定，圆通的人脉更奠定了他在每个职场上被大家的尊重。当面临转换职场跑道时，更能有充分的自信心勇往直前。他强韧的意志力，不达目的决不罢休的决心，都是他今日会有如此成就的重要因素之一。

当看完他的书后，你更会了解到他是一个有梦想、看灯塔、燃热情、展毅力等诸多特质的人，非常清楚每段时期要扮好的角色。从单打独斗时期悍将的角色，到为人表率教练级的总经理，Telly一直能带领他的团队开创、扩张品牌，这些都是年轻人值得学习的地方。

Telly说为达成目标决不妥协，方法可以改变！但维持职场伦理，重视结果圆满比追求对错更重要！任何一个有热情、要追梦的年轻人都可参考Telly这本书中所透露出的思维与做法，同样的方向跟他一样逐步追梦，迈向成功！

> 自 序

职场是不断修炼的过程

与《Cheers》杂志认识是在 2006 年，当时恰逢《Cheers》十周年推出了《闷世代》专辑，探讨台湾的 80 后在大环境转变后，在求职与职场上的困境。《Cheers》杂志为求能给 80 后一个相对成功的 60 后对照组，而找上了我作为该系列报道内的成功案例，种下了本书出现的种子。2009 年世界金融海啸过后，海峡两岸的年轻职场工作者，各有更多的"闷"，举凡工资涨幅有限，但房价飞涨、物价上涨等，造成了生活的压力，以及对前途的彷徨。低迷的气氛甚至多次引发社会事件，成为头条而造成关注讨论。在这样的时空背景下，当卢总编辑找上我，讨论如何将个人过去 20 年的职场经营心得，来分享给更多年轻朋友时，因而有了诞生此书的规划。我们共同的想法，是如何写一本简单而容易学习的书，让更多年轻朋友能在职场上少走冤枉路，容易复制（甚至超越）我 20 年积累的成果。

本书并不是告诉年轻朋友，如何成为张忠谋与郭台铭，因为我自己也不会；但是希望本书能够让年轻朋友，更轻易地成为企业里的中高级主管，或者是更快乐地在企业界工作。我个人认为，要成为成功的创业家，确实很困难，因为它包含了许多复杂的因素；但是要成为一位企业的中高级主管似乎要容易许多，只要有几个大原则，全力以赴，大多数人都有机会。许多成为中高级主管的条件，对我们而言，都只是"不为也，非不能也"的决心而已，而成为企业中高级主管可能已足以摆脱许多年轻朋友的"闷"。所以，我以自己大学毕业就投入职场的亲身经历，将过去20年在职场中，所面对的种种机会与考验，分享给年轻朋友。希望年轻朋友能由其中有所参考，从而能更轻松地掌握成为中高级主管的几项原则与方向。

职场如同人生，是一个"活到老，学到老"的修炼过程，我自己也还正在修炼。过去20年的心得，只是个人跌跌撞撞之后，所归纳出的几项职场"速成原则"，不见得是多么伟大的道理，也并非什么金科玉律；但是我相信，应该已足以帮助许多年轻朋友，更有效率地来经营职场。本书完成时，我个人也发现，其实自己也还有好多职场的修炼没完成，而正在进行中。例如，如何使奥图码投影机成为更广为人知的投影机专业品牌，也是我与团队们正在修炼的另一项课程。所以，我也相信，在未来我的职场人生里，也会持续遇到不一样的机会与挑战；我也将会提醒自己，随时注意本书中所归纳的几项方向与原则，在未来的机会与挑战中，能够做出明智的决定与突破的策略。

曾经有人说，年轻人像是一张尚未开奖的彩券，希望本书归纳的原则与方向，能让我们的"中奖率"大幅提高，甚至"人人中奖"，因为本书除了希望大家的职业生涯更有效率之外，更希望大家都能更快乐地工作。我想引用我书中的一句话："骑上牛，也要当成马来骑。"分享给所有的朋友，如能保持这样的态度，相信许多困难的问题，也会简单许多。

本书确实花了我不少时间，希望对您有参考价值；更希望年轻朋友在看完本书后，可以不再那么"闷"，可以更有效率地为自己光明的未来而努力！

感谢我在职场上，一路上遇到的贵人，包括我父亲让我从小在菜市场的训练，养成的韧性与坚持。谢谢夏普光电的廖聪贤副总，没有您 21 年前的录取，我可能不会进电子业；谢谢前飞利浦（台湾）总裁庄钧源先生，没有您的提携，我可能无法有这么多的收获；谢谢中强光电张威仪董事长，没有您成立奥图码投影机品牌，我和亚洲区团队无法有机会发挥；也谢谢所有给过我批评指教的朋友，谢谢大家！我相信，在职业生涯上只要能坚持，目标对准月亮，至少射得中老鹰！

目 录

● 第一篇　初入职场

第1章　把第一份工作当作开启未来的门票　　　　　　　　02

第2章　第一份工资：与其低头打算盘，不如抬头看月亮　　10

第3章　出国好，工作好？　　　　　　　　　　　　　　　16

第4章　热门？冷门？别让位置把你做小了！　　　　　　　23

第5章　向上管理的秘诀：让2%的业绩发挥20%的影响力　　29

第6章　人际关系管理的原则：高调做事，低调做人　　　　38

第7章　面对挫折：笑对"种瓠瓜生菜瓜"　　　　　　　　　45

第8章　人红更要少是非：用120%的努力证明自己　　　　　53

● 第二篇　经营管理

第9章　换跑道：抓住大方向，小事不用太精明　　　　　　62

第10章　新手主管的快速成长学Ⅰ：找对的人做对的事　　　70

第11章　新手主管的快速成长学Ⅱ：先做出成绩，再引领变革　78

第12章　准备永远都不够：把牛当成马骑　　　　　　　　　86

第13章　把1块钱当成4块钱来花　　　　　　　　　　　　　94

19

第 14 章　舞台越大，越要敢破、敢立　　　　　　　　102

第 15 章　从球员变教练　　　　　　　　　　　　　　110

● 第三篇　工作智慧

第 16 章　掌握时间，掌握全局　　　　　　　　　　　118

第 17 章　好 EQ，帮你"管事理人"　　　　　　　　　125

第 18 章　放大你的工作价值　　　　　　　　　　　　134

第 19 章　克服压力：站在云端往下看　　　　　　　　142

第 20 章　正面思考的力量　　　　　　　　　　　　　148

第 21 章　面对选择：选一个最大可能的自己　　　　　155

第 22 章　给 80 后们：职场头十年的梦想与理想　　　163

第 23 章　给 70 后们：聪明面对人生分水岭　　　　　172

第 24 章　给 60 后们：打好人生下半场　　　　　　　179

第一篇
初入职场

第1章 把第一份工作当作开启未来的门票

很多人问我,什么工作适合作为第一份工作?我的答案是,不必用有形的条件衡量它,而是要看它对你未来的意义。就像我的第一份工作,完全不符合"钱多、事少、离家近"的一般标准,却给了我一张珍贵的门票,开启我后来职业生涯一路攀升的契机。

每一次我对年轻人演讲,台下几乎都会有人问我:"如何选择第一份工作?"每次听到这个问题,都让我觉得很好奇:大家对第一份工作的期待是什么?是"钱多、事少、离家近"?还是对父母栽培的交代?或者是进入社会之后,拿来跟同侪比较的第一个东西?

对我来说,我的第一份工作,完全不符合以上这些条件,但是却给了我一张门票,开启了我后来职业生涯一路攀升的契机。

1990年,我从交通大学运输管理系毕业。那一年对中国台湾经济发展来说也是别具意义的一年:股市首度破一万点;

台湾地区领导人李登辉开始正式推动"台湾建设六年计划"。

念交大运输管理系，并不是我的兴趣。所以毕业前夕，我特地转了个大弯，跑去报考企业管理研究生，可是遗憾的是，成绩并没有如我所愿。碰上"六年建设"大兴土木的年代，同学和学长不是报考公务员，就是进入土木工程界，每个人的前途似乎都很明确。只有没考上研究生、又因为高度近视不用当兵的我，在毕业典礼当天，虽然顶着学士帽，心中却满是彷徨，没有自信。

◎第一次面试的震撼教育

硬着头皮，我开始找工作，既然不打算走运输业这条路，我就不想为自己设限。我记得当时在台北国际学舍（原址现已改建为大安森林公园）有场就业博览会，我特地去了一趟，把履历撒出一轮，竟然没有一个人理我。于是，之后只要看到报纸分类广告中出现"不限经历"这四个字，我全部都去尝试。

好不容易等到第一次面试，是一家在计算机图书出版界颇负盛名的计算机图书公司。我本来满心欢喜，没想到当场上了一堂震撼性的教育课。后来我常常说起这段故事，年轻人找工作不必怕挫折，因为每个人一定都经历过，我也是！

填履历表时，23岁的我心想：既然没有任何相关工作背景，干脆在"特殊技能"这一栏写上"跆拳道黑带"，这是我大学时擅长的运动，至少可以显示：虽然我什么都不会，但是身体很健康。

结果，这个"特长"竟换来面试官的消遣："怎么，你以为是要来做苦力吗？"

我差点怀疑自己听错了，对方接着又用带点不耐烦的口吻继续问："你还会什么？"

"我什么都不会。"当下，我只能这么回答。"坦白"的结果，让这人生中的第一次面试在几分钟之内就画上了句号。当天特地为此北上的我，摸摸鼻子，傍晚又搭着南下的火车慢慢晃回台中老家。

虽然第一次找工作就碰壁，但我倒没有因此就灰心丧气。我始终相信，属于我的机会，总有一天会出现。

◎第二次面试就遇上贵人

果然，在台中等了一段时间后，我接到震旦行电子事业部（注：在我参加工作一年后，已被日资夏普半导体并购）打电话给我，这是我毕业后的第二次面试。

震旦行当时的办公室，在台北市的南京东路二段。我一进门，就看到房间的四周墙上展示着各种半导体零件示意图，学工程和管理出身的我没有一个电子零件看得懂。就在我充满好奇、到处张望的时候，负责面谈的处长廖聪贤，出现在我的眼前。

"你会什么？"廖处长眼神犀利、开门见山地问我。

"我什么都不会，"我的回答跟上次一样。尽管这句话让我在之前的面试中受挫，但我思考过后，还是觉得与其自我膨胀，倒不如老老实实表达心中的想法。于是，这次我把同样的话再说了一次；不过，说完后我多补上了一句："可是我愿意非常认真地学习。"

"不会没关系，就进来学吧！"廖聪贤这句话一出口，顿时让我原本紧绷的情绪全卸下来。事后回想这段历程，为什么他这么快就决定用我？我想，或许跟我从小帮家里在菜市场卖鱼，不害怕和陌生人沟通有关吧。虽然没有相关经验，但我很自然地跟廖聪贤聊起来，我相信从对话的过程中，他慢慢从我身上感受到了诚恳、实在和愿意沟通的特质。所以，非常让我意外的是，当场，我就被录取了。前三个月先从起薪2.2万元新台币/月的电子零件业务员做起，三个月后通过试用期，再调高到2.3万元新台币/月。

没有挑三拣四的过程，也没有太多计算跟规划，我的第一份工作，就是这么来的。

事实上，这位比我大 9 岁的廖聪贤处长，不只给了我工作的起点，他更是我职业生涯上的第一个贵人。那个年代去跑业务，碰到的同行大多是五年制专科学校毕业的，对交大毕业的我来说，难免心里有道坎儿过不去。但是每当这种念头浮上心头时，我就会提醒自己：看看当时不过 32 岁的廖聪贤处长，在进公司 6 年后就升上处长的职务。既然他可以，我也决定忘记自己的过去。也许在未来，学历会帮我加分，但它绝不是眼前的一道城墙，让我迈不出步伐。

甚至，与他面谈得到的激励，让我第一次对人生方向有了初步的轮廓："我也要像他一样，30 岁就当上大公司的高级经理人！"

◎箭头对准月亮，至少射中老鹰

我一直很喜欢一句电影台词："箭头对准月亮，至少射得中老鹰。"幸运的是，踏进职场后，我很快就把自己的目标设定为"当上大公司的高级主管"，这是我的"月亮"。接下来，有很多条路可以通往当上高级主管的目标，做会计、搞研发……都可以，我符合哪些工作的条件和要求？倒推回自身的专业和兴趣，我发现，业务员这个工作岗位对我是个好的起点。

站上这个起点的过程看似有些运气，不过，它给了我日后进入面板业的钥匙,甚至打下今天成绩的基础。

我在公司主要负责销售显示器零配件给下游供货商,20世纪90年代,显示器产业用的还是8.4英寸(21cm)黑白STN的技术。我常常形容自己,当时像是在做"高级小弟",每天工作的实际内容离不开各种琐碎的事务。尽管如此,我却躬逢其盛,遇上台湾面板业正要起飞的黄金时期,因此谈合作、碰面的对象,全是今天电子业的一流人物,像是现任广达集团董事长林百里、宏碁计算机信息产品全球运筹中心总经理翁建仁……着实让我大开眼界。我的直属主管胡宏明因此甚至指着我和同一部门的另一名业务同事说:"我们三个人会是台湾未来最了解LCD产业的人。"

这份工作我做了9个月,最后画下句点的原因并不是想跳槽或有人挖角,而是当时的女友,也是现在的另一半,计划出国念研究生,为了两人的感情,我决定跟她一起出国读书。让我意外的是,连第一次递辞呈,也让我上了一课。

◎第一次离职教我的一课:凡事做好准备

因为觉得很难开口,我不敢在上班时间跟主管胡宏明提这件事,所以特别趁他假日到公司值班时,找了个空档跟他说。没想到才刚说完留学的打算,立刻换来他一顿臭骂:"你要出去念什么？念完以后回台湾，你要进什么产业？你未来五年的计划是什么？"他提出的问题，我没有一个能完整回答，整个人僵直地站在他面前。

"你对未来一切都不清楚，还要出国，根本是逃避现实！"胡宏明把我狠狠修理了一顿。但为了跟女友的约定，我还是决定维持原计划，硬着头皮放下工作，决心出国。即使如此，直到现在我仍然非常感谢胡宏明。被他骂完的当天，我走出公司，在当时台北车站附近的木船西餐厅里，为自己写下一段话："从这一刻起，我做每件事都要 well-prepared（做好一切准备）。"绝不能真如他所言，对未来没有蓝图，没有规划，就贸然采取行动。从那天起，这句话始终是我自我要求时最重要的守则。当上高级主管的"目标"、从做业务切进的"方向"、惕厉自己的"惕厉"，我全在第一份工作中得到了，请问，虽然工资没有超过 3 万新台币／月，但它带给我的多不多？

★对第一份工作,应该有的几点思考

1. 先决定职业生涯大方向

找到方向,才知道你现在是不是在"对"的路上。对我来说,我的大方向是"成为企业中的高级主管"。

2. 针对这个大方向,找出一条自己能够胜任的路

有很多条路都可以通往"高级主管"这个目标,但我必须判断自己符合哪些条件和要求?例如,我也可以从会计做起,再逐步往高级主管爬,但这个前提是,我得先学好会计,还要考取会计师证书。很明显,我的兴趣和专业都不在此。所以从专业和兴趣这两方面来判断,业务员工作对我是最好的开始。

3. 不要让学历成为障碍

特别是像我一样选择跨领域工作时,应该让学历在未来成为你的资产,而非眼前的绊脚石。至于当下,应该努力补足不足的核心知识,像我当时的弱点是缺少半导体、电子学的相关知识,如果当时进行更有系统的学习,可以更快上手。这也是我回头再看时,觉得自己没有做足的地方。

4. 选择上哪一条船时,要看远不看近

当年的我,其实也可以到夏普、飞利浦、Intel、三星或其他小型电子零件商工作,到底该选哪一家公司?我选择的关键并不是工资、福利等条件。当时,我发现欧美公司的台湾分公司经理人台湾出身的比较多,而日韩企业则相对较少。这就说明我到欧美公司工作,以后比较有出头的机会。

第 2 章　第一份工资：与其低头打算盘，不如抬头看月亮

> 人生财富积累的爆发点，其实集中在某一个时间点上，而这个时间点必须等到工作数年后，当你具备好能力、做对决定，还有碰上机会，能量才会得以爆发。

台湾职场新人工资不涨，已经是超过 10 年的现象了。2011 年有一个杂志调查结果指出，应届毕业的职场新人，高达 60% 的人表示可以接受第一份工作工资低于 2.8 万元新台币 / 月。显然在媒体报道跟现实洗礼下，年轻人对第一份工资的认知已经愈来愈实际。

到底第一份工资重不重要？它跟人生整体财富的关联性有多高？这是很多人在决定职业生涯起点时，心中都会出现的困惑。回想起来，我的第一份工作起薪是 2.2 万元新台币 / 月，这个数字也是当时职场新人的平均水平，不算高也不特别低。从过来人的经验出发，我认为，评估人生的第一份工资时，实在没有必要去在意自己有没有赢在起跑点。

工资的意义是什么？对我来说，它有两个层次的意义：第一，是成为个人经济来源。我相信现在的年轻人从小生活在还算富足的环境，因此这个意义对现代人的影响将愈来愈小。而除了经济因素外，还有一个理由是不会随着时间消逝的，就是把工资当作对自我或对父母的交代，象征着一种自我肯定。假如我今天拿的月薪是2.2万元新台币，似乎就比拿2万元的同辈优秀，但又比不上领2.5万元的人。后者使我们很容易陷入的"与同侪比较"以及"自我期许"的陷阱。人会稀里糊涂地掉进这样的思考逻辑很正常，只不过从长期来看，它其实没有太大的意义。

◎第一份工资：不要陷入短期的数学计算

为什么这么说？我还记得，我有个初中同学，他大学毕业后决定留在台中的故乡工作，每个月领工资1.8万元新台币，和我跑到台北工作拿2.2万元相比，从账面上来看，他拿得比我少，但我同学却另有一套算法。他认为虽然我在台北拿的工资比他多出4000元，但我不仅每个月要多付房租5500元，在台北生活，各种生活花费都远比他高。"你虽然领得多，但不见得比我划算。"我的初中同学曾这样仔细算给我听。

话虽这么说，但事实上，2.2万元新台币/月对我而言也没有不够花。找到工作后,我在台北市的大安国宅附近租了一间不到 $10m^2$ 的房间,每个月扣掉房租 5500 元,我还可以拿 5000 元回家给母亲。当时我的想法还很传统,总觉得男孩子长大独立之后,要能够回头照顾家庭。因此,每个月我只帮自己留下 5000 元的生活费。从小在农村长大的我,对物质的欲望很单纯,就算三餐都吃盒饭也一样很满足。

至于我和初中同学间的算法,究竟谁算得对?其实没有一定的答案。不管是之前提到自我期许的陷阱或是我和同学之间的故事,表现出的都是一种"短期的数学",对未来发展并没有决定性的影响。

第一份工作的条件,除了创造经济来源、自我肯定之外,更重要的是,它的性质往往会影响未来职业生涯的大方向。如果问所有成功人士,他们寻找第一份工作时的关键是什么?我相信大家的答案不外乎都是通过它"寻找未来要瞄准的月亮";但询问年轻人同样的问题时,却发现大家只着眼于眼前的数字。如果不抬头看月亮,只忙着低头打算盘,这对生涯规划是很危险的。

◎爆发力才是关键

在职场上工作得越久,你越会发现人生财富的爆发点,往往是集中在某一个时间点上,而不是想象中随着时间按线型积累。这个时间点发生在什么时候?通常必须等到工作数年后,当你具备足够的能力、做对决定,再加上碰到机会后,才能爆发出惊人的能量。以我来说,虽然第一份工作只从2.2万元新台币起薪,但后来我换工作进入飞利浦之后,因为个人表现很突出,我平均每年调薪高达25%。换言之,把眼光放远后,你对第一份工作真正需要在意的是:这个工作能不能帮自己积累能力?还有,现阶段你需要再投资哪些方面的能力?

钱多或钱少不是核心,重点是,能不能在有限的财务资源中,对自己做最高效益的自我投资。

从10多年前起,我就开始打Giorgio Armani的名牌领带,学着在客户面前包装自己。当然,我的收入和Giorgio Armani真正的消费群体根本不能画上等号。可是尽管我买不起Giorgio Armani西装,仍然可以从小配件着手,让自己看起来够专业、有品位,给客户留下好印象。这是我认为值得的个人形象投资。我们常常形容进入职场就是进入"社会大学",既然是"大学",当然也需要缴学费。在工作头两年,不管是砸钱包装自己的形象,还是订杂志阅读,或晚上去进修,只要是想增加工作上的竞争力,往"月亮"之路前进,付再多学费都是值得的。一旦能力逐渐养成,虽然工作的前半阶段工资低,但从以后的"可能性"来看,那一定会是另一段故事。

25岁的我,每个月赚的钱虽然只有2万元新台币出头,但我相信未来的日子一定会改变,心中有理想跟憧憬,那几年的日子很快就过去了。而我现在的成就,则早已超过当时的想象。第一份工作的工资重不重要?这绝不是个数学问题,更应该是个策略问题。因此,建议别执着在加减乘除上,这反倒局限了你长远的规划和眼光!

★关于第一份工资,你应该这样想

1. 别拿"钱多、事少、离家近"来挑第一份工作

钱多或许会让你现阶段比较开心,但不会影响之后人生的贫富;事情少,代表学习的机会也少,反而是缺点;离家近,除了节省通勤时间外,这些多出来的时间如何安排?反而对你影响更大。

2. 别抱怨工资不涨

从另一个角度看,10多年前,从来没听过上班能致富,但现在有上班族年薪加上分红一年能拿到几百万新台币,或者是通过越来越多的各种新渠道实现梦想的可能。从好的方面看,即使起薪仍然低,但机会却变得更多。

3. 人生财富的爆发点,都是发生在职业生涯的中、后段

不妨将刚进职场前几年视为"缴学费"的阶段,勇敢做自我投资。

4. 在专业上有所积累后,财富自然会水到渠成

第3章　出国好，工作好？

出国念书是好事吗？得看你的月亮是什么。如果目标是当教授，那留学就是 must have（必须有）。但如果方向是做业务，出国念书只是 nice to have（锦上添花）。最重要的是，不要不知道为什么就跑出去念。

出国念书是很多人的梦想，这也是笔不小的投资。特别是在工作一阵子之后，该不该暂停冲刺，离开岗位，到外面体验不同文化的学习与生活？

如果这也是你心中曾经浮现的困惑，我的建议是，要看你长期的生涯目标是什么？留学带给你的能力是必备武器，还是只是"锦上添花"？

1994年1月2日，我完成在美国圣若望大学（St. John's University）企业管理硕士的学位，只花了一年零三个月的时间，而且回到台湾的第二天，我就穿起西装去上班了，中间完全没有空闲。之所以能衔接得如此紧凑，正是我要求自己对 well-prepared 的实践。

离开台湾前，我离开了日本公司夏普半导体，回到台湾后，我加入的是荷兰企业飞利浦（台湾），这当中其实有几段故事。

◎毛遂自荐进入飞利浦

离开夏普后，我开始准备出国考试。一个平常天，我骑着摩托车正好经过台北市民生东路，有栋商业大楼公司反射出晃眼的灯光，引起我的注意。我在路边把车停下来，仔细一看，原来是飞利浦（台湾），我很早就听过这家公司，却不知道它在这里，赶紧把大楼地址抄下来，回家后第一件事，就是把自己的履历表寄过去。当时我的想法很简单，只是想趁着出国前还有一点时间，另外找份工作帮自己赚点留学费用。大出我意料之外的是，这家"发光"的公司——飞利浦（台湾），竟然在我投出履历表的第三天就找我面试。

刚开始，飞利浦（台湾）公司的人力资源部门安排我应聘国际采购，我也顺利通过考试。但过去的经验，让我倾向于继续从事业务性工作，因此我婉拒了采购新职。不过，飞利浦的人力资源主管并没有放弃我，他看我和人打交道方面表现不错，将我辗转推荐给公司的零配件部门，经过几道面试后，我正式踏进飞利浦的大门，从被动组件的业务员开始做起。

过去在夏普（台湾）公司的面板业务员经验，这时竟阴错阳差地再度派上用场。当时，飞利浦公司荷兰总部宣布未来两年内要盖 TFT–LCD 厂，为了准备 LCD 的新业务，负责 LCD 新业务的韩国区总裁特别到台湾停留，想了解台湾的 LCD 产业。我因为曾在夏普工作过，成为公司内少数了解面板业的业务员，于是被公司派去向这位总裁报告，也因为这次机缘，我意外地成为公司内负责 LCD 新业务的一员。

眼看离开台湾时间逐渐逼近，新工作却出乎意料，不断有新机会跟挑战迎面而来，我开始犹豫：到底该不该离开台湾去留学？这段时间，大概是我记忆中最彷徨的日子。我甚至在朋友鼓吹下跑去算命，这是我人生中第一次的算命体验。

◎ 算命先生的另类激励

一走进房间，我就被吓到了。因为第一组客人是两位 30 多岁的小姐，只见算命先生对其中一位说："你丈夫不是坏人，只是命中有此一劫，度过此劫，就会回到你身边。"这句话刚讲完，其中一位小姐立刻泪流满面，表示正为丈夫的外遇所苦。第二组客人是一对母女，同样什么都还没说，算命先生已直接建议女儿先念完博士。只见母亲露出惊讶表情说，女儿已在美国读完硕士学位，这正是她想问的问题。

算命先生的功力，让我着实胆战心惊，而他对我的建议，却让我有喜有忧。喜的是，他说我 25～33 岁是个人的"黄金奋斗期"，做任何工作都会事半功倍。但是 34 岁以后，有一段相当长的时间会发展缓慢。所以我应该趁年轻时全力以赴，到 34 岁之后可以稍做休息，韬光养晦。

根据他的说法，我当时不该出国留学，而该留在台湾为工作打拼才是。但几番考虑，我还是打算维持原计划和女友去念书。

既然做了离开台湾的选择，为了不浪费人生的"黄金时段"，我下定决心分秒必争，把潜力发挥到极致。第一个学期，我几乎所有的科目成绩都拿到 A，让下学期选课时有最大的弹性。我的目标是：把两年 MBA 的学习时间压缩到一年零三个月。

尽管如此，留学生该有的体验我却一样都没少。当时，我们有十几个台湾学生常常聚在一起，我年纪虽不是最大，却常常扮演团队中的"领队"，吆喝大家一起出去玩。因为帮大家规划活动，常常需要订位、安排行程，甚至说服商家给我们团体折扣，到最后，我英文听、说的能力反而进步最快，看起来像在"玩"，对我来说其实是另外一种很好的学习。

500 多个日子的留学生涯，给我重新认识自己的契机。有一次，我们一群人计划在暑假时去加拿大玩，但当时因为女友的签证出现问题，我只得和她留在美国境内旅游。没想到朋友从加拿大玩回来后，竟跑来对我说："Telly，你没去，我们都不知道听谁的，大家都已经习惯了听你的安排。"朋友的反应，突然让我感受到自己的领导特质。这让我发现，要不是换了环境，我不一定能从另一种角度看到自己的能力。

一年零三个月很快就过去了。毕业前夕，我主动通过电子邮件和以前在飞利浦的主管联系，表达想继续回到飞利浦工作的意愿。顺利地得到他的同意，于是我马不停蹄，下飞机后第二天，我就回到熟悉的民生东路的公司上班。

回想这段留学经历，到底给自己带来什么影响？有趣的是，34岁那年，有一天我忽然想起当初算命先生的那段评论，于是重返旧地，想再找他请教；但算命先生因年事过高，早已退休。我通过朋友帮忙，又请其他几位同样是"名师级"的算命先生为我25岁后的人生提供建议。没想到，所有的人都说我25~33岁间才是最不顺遂的时期，甚至有人说25岁那年算命先生根本算错了。当下，我百感交集。要不是这场"美丽的错误"，怎会让我全力以赴，才在34岁之前将自己推到最大的可能？由此看来，算命准不准并不重要，我们如何解读、如何规划，才是成败的关键！

◎职场马拉松，胜负在终点

在职场上，我一直相信"学力"而非"学历"。学习后掌握了多少力量，比一纸文凭更重要。对今天的年轻人来说，面临选择出国读书还是继续多工作两年的时候，我认为可以考虑两点：第一，未来选择什么行业？第二，硕士要怎么念？

有些行业确实需要高学历，像学术或研究机构。但是如果你选择的领域是做业务或营销，由表现决定升迁与加薪时，学历与工作的关系就没有这么直接。另外，你是抱着认真念的心态读，还是逃避进入社会？如果是后者，对未来的帮助就很有限。

工作是一场马拉松竞赛，眼前的小胜跟小负，不会左右以后的大胜或大负。当我工作 20 年后，到底是持续工作 20 年好还是工作 18 年加上念硕士 2 年更好？两者已经没有差别。反倒是态度认真与否，面对分叉点时有没有规划，才是带来差异的根本理由。毕竟，不管是念硕士或继续工作，都是为了自己的目标，只要达到目标，时间就不算白费！

★ 如何看待出国念书

1. 若是研发方向的相关岗位,硕士学位通常是必需的;但如果是业绩导向的工作,学历就没有直接关系,要厘清未来你真正想投入的领域。

2. 念硕士的"态度"很重要。是真的想念,还是逃避就业?后者无法养成解决问题的能力。

3. 继续念书或工作都只是职业生涯中的"过程",重点是达到"目标"。如何确保目标达成,才是思考重点。

4. 如果决定出国念书,就要把握这段时间,充分接受当地文化与生活的熏陶,也好好借着不同环境的刺激,更深刻地认识自己。

第 4 章 热门？冷门？别让位置把你做小了！

一个人的业务员和一个人的经理有什么差别？就看你能不能创造资源，掌握资源，进而创造自我价值。

碰到选择工作时，热门好还是冷门好，常常是萦绕在许多人心头的问号。我的看法是，当下的"热门"或"冷门"本身不是目标，"未来性"才是作为判断依据的核心。

离开夏普那一刻，被主管胡宏明训斥"缺乏方向"，在我心中留下深刻的记忆。因此，一完成 MBA 学业，我就下定决心，设定目标：我要在大企业中充分历练，进入决策圈，成为高级职业经理人。这个明确的信念，后来一直引导我对职业生涯的定位与思考。

回台湾后，我重回飞利浦（台湾）工作，从出国前的"业务员"升为"资深业务员"。表面上看是升官了，但实际上，我负责的产品，是传统变压器使用的"铁粉芯"（Ferrite）——在产业中被看成是"黑手零件"——客户都属于劳力密集产业的项目。

有朋友知道我以前的经历后，总会好奇地问我："你留学回来，怎么不争取去最热门的 IC 部门，而是卖黑手零件？"还记得我"对准月亮射老鹰"的看法吧？我虽然希望在短时间内向上升迁，但升迁的方法有很多，除了在组织内创造突出的业绩，也可以通过组织变动，把握空缺，这正是我看到"铁粉芯"与"IC"两个部门的不同。IC 部门人才辈出，竞争程度高，要凸显自己相对困难；相反的，冷门的磁性材料"铁粉芯"尽管看来"不怎么样"，但表现空间却很大。当时因为它业绩小，所以和被动零件事业体共同归同一位业务主管管辖，就像两个小县城绑在一起，共享一个县长。然而，这是在台湾市场独有的现象，在全球飞利浦组织结构中，铁粉芯在各个分公司几乎都是独立事业体。换言之，只要我把眼前冷门的铁粉芯业绩做大，有朝一日它独立出来，我就有机会变成部门主管。

◎ 冷板凳也能好好坐

当然，在这一天来临前，我可能要坐一段时间不短的"冷板凳"，但即使在这个阶段，我也从没有把自己看小过。

纵然"铁粉芯"部门只有我一个业务员，可是我是"一个人的部门"的"一个人的业务员"还是"一个人的经理"？我相信我是后者。当中的差异，在于我是受现实的环境限制，还是能创造条件，掌握资源，进而扩大自我价值。

如果当"一个人的业务员"，碰到客户反映价格太贵，我就转告荷兰总公司"客户说价格太贵"；荷兰总公司嫌订单太少，我就跑去找客户抱怨"订单太少"。这样做，我其实只是当中负责传话的信使而已，任何人都可以取代我。

但当我定位自己是"一个人的经理"，就不一样了。虽然我的名片上只印着"资深销售工程师"头衔，但全飞利浦（台湾）的磁性材料价格由我决定，我卖的零件因为占客户制造产品一半以上的成本，往来业务对象不是采购副总经理就是公司老板。所以，我把自己看成飞利浦（台湾）中的"小贸易商"：我代表飞利浦（台湾）向飞利浦（荷兰）购买零件，再转卖给台湾客户。通过我居中包装和沟通，台湾客户觉得我帮他们争取到最好的成本与交货期；而当荷兰工厂缺乏订单时，我努力为他们带来好生意。我在中间努力找出工厂和客户的交集，让大家都认同我的价值，实际上，我已经在做"管理"的工作。

一般人会迷信名片上的头衔，觉得没有"经理"两个字，就不能出去谈生意。但以我的经验，是"一个人的业务员"还是"一个人的经理"，不过在一念之间。我深深相信，靠个人魅力和专业才能赢得别人的尊重，而不是取决于名片上的几行字。

那两年，我让磁性材料的业绩每年增长20%~30%，每年获利以3~5倍的速度增长，不但让飞利浦（台湾）总经理看到我的表现，就连荷兰厂的同事来台湾拜访，也会向台湾总经理提到我："这个台湾新来的小伙子很努力，比以前的人都认真。"这不正是最好的例子吗？就算我一开始坐在冷板凳上，一样可以把自己做"活"。

就在我全速冲刺，创造"偏远县市"的销售规模高速成长时，没想到，这时候我的另一个机会真的来了：第二个主管缺口在我眼前出现。

◎不推工作，只解决问题

之前我提到过飞利浦有意向LCD产业发展，在我回台湾第二年后，荷兰LCD面板厂已经盖好，想在台湾市场试水。之前接触过的韩国区LCD事业部总裁知道我念完书后，希望我能飞往荷兰总部与他碰面，准备新事业的发展。坦白说，当时飞利浦在LCD产业的竞争力比不上韩国和日本，但我在组织内的角色，却因为这个新事业体而被另眼看待：韩国区总裁决定将这项高达数十亿新台币的投资，交由我来负责市场调查和开发。

突然间，我发现自己面前一下子冒出来两个升迁机会：除了原来我预期的磁性材料事业体主管，还有现在的LCD新事业主管缺口。

一想到有更多的可能和挑战，让我工作起来更有劲。虽然手上同时管磁性材料和 LCD 两项业务，工作分量一下子倍增，但我从没有向老板抱怨为什么我一个人得做两份工作。真的忙不过来时，我也不推工作，只希望老板给我更多人手支持，到后来，我的组织很自然地往下生长，不断扩张。

两年过去后，果真，情势发展如同我原先的期待，磁性材料因业绩成长成为独立部门，由我带领；同时，我也兼任新的 LCD 部门主管，从此正式展开我接下来 5 年非常忙碌的中级主管生活。不到 1000 个日子中，我从原先的一个人的业务员到后来变成带领 8 个人团队的主管；而在我离开这个职位前，整个部门的年营业额已成长到 100 亿新台币。

如果当初选择去热门的 IC 部门，虽然一时得到众人欣羡，但一路走下来，我可能始终只能当"牛尾"；反倒是凭着预见机会的敏感性，我大胆尝试，把牛当成马骑，却开启了我从"鸡首"到后来更上一层楼的契机。

所以，请问，若只看当下的"冷门"或"热门"，短视近利怎么会做出最好的决定？反过来说，目标清楚、方向确定，脚踏实地去做，拥有把"冷灶"也做成"热状元"的心态与本事，将是一生受用不尽的资产！

★创造工作中的自我价值

1. 如何判断今天的"冷板凳"是不是明天的"好机会"？

这当中的依据是，你的人生方向是什么？踏上这条路后，跟大目标是渐行渐远，还是越来越靠近？就像当我确定"高级职业经理人"的职业生涯目标后，只要专心思考哪一条路能让我在组织内向上升迁、增加相关的历练就好。与其在 IC 部门慢慢排队等升迁，我反而看到"冷板凳"——磁性材料部门中的好机会。越早确定人生大方向，就能越早往前迈进。

2. "一个人的业务员"和"一个人的经理"的差别：自律

许多人问我，销售行业的职业生涯规划怎么做？通常，不是往顶尖业务员（top sales）就是销售经理（sales manager）迈进，而业务员跟业务主管真正的差别，不在头衔，而是心态跟态度。

身为经理人，最需要足够的"纪律"。比如，很多人做业务碰到前一天晚上应酬，次日就"自动放假"，晚点上班，但我绝对不会这样做。我分得很清楚，不管前一天晚上应酬到多晚，第二天还是一样准时上班，这是我帮自己设下的行为标准。

3. 不怕工作多

工作量是否跟待遇呈现正相关，当然是很多人在意的条件。可是我从来不向老板抱怨工作量的问题，只思考如何解决问题，使命必达。当工作量增加，表示"我"或"我的团队"重要性也跟着提升，只要能为公司创造更高的价值，薪水跟头衔都自然会水到渠成。

第 5 章　向上管理的秘诀：让 2%的业绩发挥 20%的影响力

> 如果问我在"向上管理"这个议题上，做对了哪一件事，那就是我不只是站在自己的立场上，而是同时解决老板和我的共同需求。

在成为"一个人的主管"后，我已经初步触摸到终极目标——"高级经理人"的切入点。这也让我开始思考：通过这个"一个人的主管"的角色，对于提高自己对公司的价值来说，我还可以做什么？我又该如何从菜鸟主管变成高级主管？

现在回想起来，当时外在条件对我是有帮助的：飞利浦（台湾）的企业文化强调绩效导向，每个人依表现决定机会，而不是"靠关系"。当然，另一个不可或缺的是，除了公司体制外，我也很早就认识到"向上管理"这个议题的重要性。

我记得在大学时学习曾仕强教授的"中国式管理"课程时，曾教授不断强调："在华人社会，唯有先帮老板解决问题，老板才能帮你解决问题。"这句话对我影响很深，所以在我成为初级主管后,第一个注意的就是主管和我的互动。

如果说,我在"向上管理"这个令很多人困扰的职场课题上做对了哪一件事,那就是我从不只是站在自己的立场看待问题,我做每一件事,都是同时解决老板和我的共同需求。

◎全力帮助老板达成目标

飞利浦是"产品×功能"的矩阵式组织,我的横向(功能别)主管曾发生变动,但纵向(产品别)的直属主管却没变过。在我返回台湾后将近7年的飞利浦生涯中,这一职位一直都由当时的电子零部件台湾区总经理、前飞利浦(台湾)总裁庄钧源担任。长期共事下,我们之间的合作默契好到就连全球飞利浦总裁柯慈雷(Gerard Kleisterlee),都曾在公司内公开提到我们的从属模式是组织内的模范。

不过,事实上,一开始,我并不知道庄钧源对我的影响会那么深远。

当时,庄钧源手下共有4员(包括我)大将负责4种电子零部件产品的业务工作,整个电子零部件部门一年内可以做到超过100亿元新台币的生意,而我这个菜鸟经理负责的磁性材料业务,年营业额却只占全部门的2%。

为什么一个对营业额贡献最小的我,最后却在4个业务经理中升迁最快？如果单看对业绩的贡献，我永远比不过其他三人。就连庄钧源也曾开玩笑说："Telly，你就算业绩成长20%，也对我一点影响都没有。"所以，当时我很清楚，我对庄钧源的重要性跟意义，绝对不是仅限于业绩数字而已。

通过和庄钧源的相处，我发现他很希望把电子零部件部门变成公司内的模范单位。在飞利浦（台湾）这么大的组织内，业绩并不代表一切，想让外国大老板注意到我们这个单位，非业绩层面，例如经营、管理等各方面的表现更要注意。所以，我除了要把业绩做好（这是当然的），其他非业绩层面的 KPI（关键绩效指标），也一样不能掉以轻心。

看到庄钧源的目标跟雄心后，我展现出对他的高度支持与配合。当年庄钧源很想推动许多革新作为，但其他三位老鸟业务经理，可能受限于意愿或能力等各种因素，表现得并不十分热衷。这时候对我来说，百分之百全力支持老板的政策，就是突显我和其他人不同的最好的着力点。

比如，过去电子零部件市场偏向卖方市场，业务员多半老大心态，做事被动，习惯客户自动找上门；但庄钧源想把 B2C 的市场模式引进到电子零部件业务销售上，我就非常积极地配合新政策，学习去定位市场，在业务往来上，也更重视客户导向（customer-oriented）。慢慢地，不只外界客户发现我这个单位的改变，连内部沟通时，过去欧洲工厂想询问台湾市场信息，回复往往会拖上好几个星期，可是只要找到我，大小事务绝对"本周事，本周毕"。就算这个星期真的来不及做完，我都会利用周末主动到公司加班。这个习惯持续到今天，现在我已经训练自己可以在24小时内完成所有必要的回复。

再者，大部门间的"三不管地带"，我义不容辞，一手包办。

庄钧源找我做事，我从不说No，所以跨部门的工作到最后，往往全落到我头上。例如，当年飞利浦（台湾）总裁罗益强提出一个新概念：销售部门也要像工厂，建立ISO品质管理系统。平常大家各忙各的，这种跨部门协调，谁愿意来扛？当庄钧源指派我负责时，我一口答应。诸如此类的例子不胜枚举，以至于最后我不但是品质管理系统跨部门的协调人，还负责跨部门的训练课程安排。虽然我的业绩贡献比只有2%，但我敢说，作为庄钧源的左右手，我对他的重要性绝对不只2%，说不定有20%，甚至更高。

◎学会与老板共舞

能够和庄钧源相处愉快，除了某种程度上，我把他当成我的"职业生涯导师"，非常尊敬他之外，我想，最重要的原因，是一开始我就把他的目标设定成我的目标。两者间不是互相排斥，而是相辅相成，在这个原则上，学会和他共舞。

记得有一次，我手上有几项材料是某个大公司非买不可的，我算准对方没有议价筹码，刻意提高售价，想为公司增加利润。客户的采购人员很不高兴，直接跑去问庄钧源怎么一回事。庄钧源顾虑到客户也同时购买其他事业部的产品，所以特别找我询问细节。

其实，我决定涨价时，早已预留给客户"砍价"空间。提高售价五成后，就算客户杀价到只剩下三成，我也还是多赚。碰到这种情况，和庄钧源谈完后，考虑到他的立场，正好把人情留给老板做，让他能响应客户，而我同样达到自己的业绩。当然，这只是一个例子。记住：千万不要等老板来找你时，才觉得他干涉你的决策；而是在每件事的一开始，就先把老板的需求纳入考虑，这样自然能避免最后因为资源分配或意见不同而产生的冲突。

◎关系好，不骄傲

尽管和庄钧源之间合作无间，但我从没有自以为是他面前的"红人"，而开始"骄傲"。相反的，我对自己的工作更加全力以赴。

在庄钧源把我从销售工程师升成业务经理的前一年，矩阵式组织中，营销功能的外籍主管找上我，希望我能接手磁性产品亚洲区的营销经理。如果是你，遇到有主管主动表示欣赏你、要来挖你，你会怎么做？

虽然我很高兴得到外籍主管的青睐，但我相信，即使继续待在庄钧源下面，我也会很快升成经理，这中间的差异，取决于我是要做业务还是营销？这样一想，我决定回绝外国老板给我的选项，不过，我并没有因此和庄钧源多说些什么。

有些人也许觉得，可以趁此向老板开口，争取更多的个人权益，我却不这么认为。只要把事情做好，不管哪个老板，都会给我升迁的机会，我应该沉得住气。

事后来看，我当时不去接外籍老板给的工作是对的，营销经理比较像幕僚单位，我的个性，更适合在外带兵打仗的业务工作。果然，一年后，我也如愿升上业务经理。

◎ 遇到好老板前，先尽本分

听起来，我在飞利浦能够碰上庄钧源，着实幸运。可是我也不是第一天就碰到好伯乐。在飞利浦的第一年跟第二年，我和直属主管的相处情况，和多数人差不多，纯粹是工作上的公事关系。

我常说，和老板相处有三个层次，我和庄钧源的相处默契属于最上层；而中层是，对方不见得是完美老板，但彼此之间还能够合作，自己也能尽到员工的本分；而如果连部属本分都无法做到，和老板已经到无法相处的地步，就该设定止损点，选择调换部门或离职。

从进入职场的第一天，生活中出现"老板"这个字汇开始，向上管理就是每个上班族的必修课。有人常常会抱怨碰到"猪头上司"，但如同一句老话："遇到好老板是福气，和老板相处好是本分。"我们不会总是"所遇非人"，如果觉得老板没有格外器重你，不妨先以不求回报的心态来相处，更重要的是，先把工作做好。至少在这一点上，多数老板的前提和你都是一致的，再从中摸索彼此的交集，这样自然能找出"双赢"的交会点，不会掉进传统下对上"零和游戏"的思考窠臼。

★学会向上管理，创造双赢局面

1. 管理老板很简单：老板既要面子也要里子

老板要的并不多，其实就是"尊重"。如果一开始没有把老板的需求归入你的计划，之后只要老板有意见，不是你觉得痛苦，就是老板觉得你不够尊重他。千万不要把自我看太重，甚至到了忽视老板的需求的地步，兼顾老板的面子和里子，这样的聪明下属，会得到老板最大的仰赖跟看重。

我用图1来说明。重视老板的需求，不见得意味一定要牺牲自己的需求。打开思考的框架，用更有创造力的想法来找解决方法，两者一定可以交会出"最佳解决方案"。反过来说，只考虑自己的想法，或是勉强依照老板的指示做事，得到的妥协方案，往往不见得是最好的做法。

2. 千万不要抱怨老板

抱怨老板对事情的结果并不会有帮助。如果想抒发情绪，可以回家跟朋友、家人说，但不要跟同事抱怨，以免让自己变成办公室负面情绪的制造者。

3. 觉得老板的要求都"不合理"

唯有突破"不合理"，才能创造进步跟成长，如果老板只给合理的目标，公司不会有爆发性的表现，个人也始终只能停留在"庸才"的层次。

4. 持续无法改善关系，就勇敢设定"止损点"

如果和老板相处让你很痛苦，还是该回头先检讨：问题是出

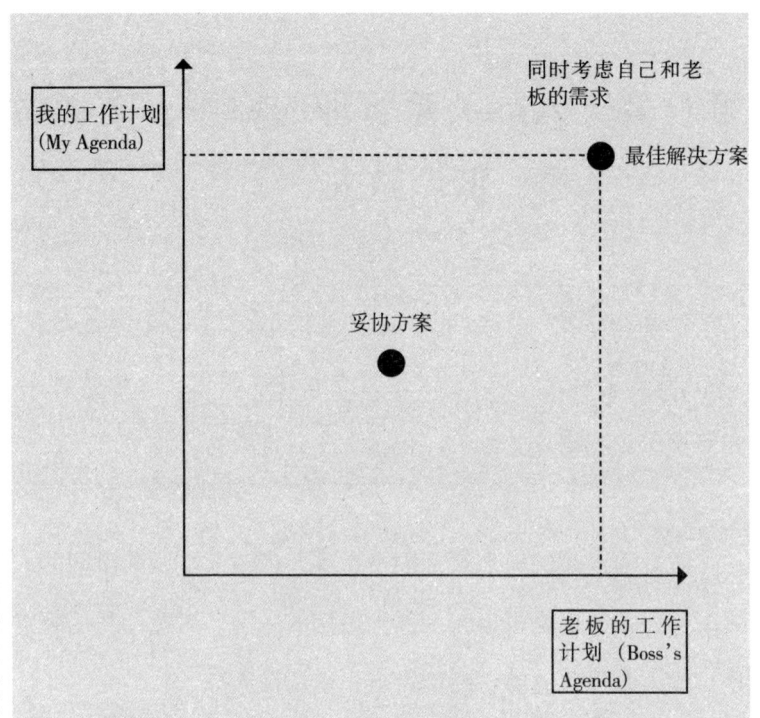

图 1　寻求向上管理的最佳解决方案

在老板那里,还是自己身上?可以从三个步骤来检验:是业绩没做好?工作不认真?还是和同事相处不佳?如果你对这三点都无愧于心,仍然觉得自己"怀才不遇",就该勇敢设下"止损点",另寻舞台,良禽择木而栖。

第 6 章　人际关系管理的原则：高调做事，低调做人

把办公室中的人际关系，用武侠小说中的情境做比喻："不是敌人，就是朋友"，未免有点太过戏剧化。我的原则是：在职场上能有朋友是最好，但至少不能有敌人。

做好垂直端的向上管理固然重要，但横向端跟同事间的人际关系，常常也是很多人工作中烦恼的来源。对此，我的观点是：能力愈强，愈要"高调做事，低调做人"。

在我跟直属主管庄钧源之间建立起稳定的上下级关系后，我并没有忘记当时我所处的特殊情境：30岁不到的我尽管因为表现抢眼，迅速升到业务经理，但飞利浦（台湾）的业务经理多半年纪都在40多岁，我和位置与我平行的主管间，显然有"时代差距"——我是当中最年轻的一个。连带着，一个新课题也迫在眼前：我该怎么经营横向的同事关系，才能让工作顺利完成？

面对庄钧源下面"三个资深主管配我一个菜鸟主管"的局

面，虽然俗话说："不招人妒是庸才"，但我认为这句话只不过是个合理化"骄傲"的借口，作为年轻主管，不管能力再突出，都要避免得意忘形。当然，这不是件容易的事，尤其因为年轻，难免"气盛"。只是，在能够自我控制的范围内，一定要不断提醒自己：人越"红"，越要留心自己的行为举止。

◎以退为进，凡事讲求尊重对方

比如说，我一定称呼其他三位业务经理为"大哥"，在态度上尽量把身段放低。即使主管庄钧源丢给我各项牵涉到横向部门沟通的工作，我也抱着"为大家做事"的态度来执行，而不是"由我来分配资源"的姿态。

举个例子，后来扛下不少跨部门事务协调工作的我，常常得帮整个业务大部门规划训练课程。我的业绩只占全部业务量的2%，年纪又最小，要是碰到热门课程，报名人数大爆满时，该怎么协调？

我绝不会主动先做分配，而是先找各部门老大一起讨论哪些员工该上课？哪些人该"砍掉"？取得大家的共识。主管间的相处，最重礼尚往来，大家需要的都一样，是尊重。当然，这样做，我也可能牺牲掉我部门同事的机会；不过，眼前的得失未必是真正的得失，这也是以前跟父亲在菜市场卖鱼时，他教会我的道理：华人社会中做人都是以退为进，而不是先抢才赢。

◎ 不计较，是因为我想往更高的路走

尽管我力求为人低调，但难免还是有发生碰撞的时候。这时唯有把自己的思考高度拉高，才能跳脱当下的情况，不予计较。

比如说，当我表现好的时候，庄钧源可能会拿我的成绩去"激励"其他部门主管，三位主管毕竟都有一定的气度，不管心里舒服与否，都不会跟我当面冲突。只是有句话说得好："阎王好见，小鬼难缠。"一般同事不见得看得够深、想得够远，这就让我间接招来一些敏感和敌对的目光。

我还记得，当时笔记本电脑还没风行，办公室中仍以台式计算机为主，而且配备不足，我们有时得跨部门共享一台计算机。有一次，我的助理为帮庄钧源整理数据，需要借调一台放在隔壁部门、提供跨部门使用的计算机。当她去借计算机时，那个部门助理突然歇斯底里地大叫："我最讨厌你们这些人了，那么自私，把自己的方便建立在其他人的不便上。"

自己的助理无端遭到其他同事责骂，身为主管的我该怎么应对？

日本有一则寓言故事，和我当时的情况很像：如果杜鹃鸟不啼叫，该怎么让它开口？三个战国时代的武将给了不同的回答：织田信长说："杀了他。"德川家康说："我等他唱。"丰臣秀吉则回答："我逗他。"我当天的选择比较像德川家康——我并没有当场发脾气，而是保持冷静，拿到计算机，完成任务，选择先忽略无礼的秘书。

事实上，我当天帮自己想了三种选择：现场开骂、找庄钧源告状、不理会这个秘书。其实，只要用"删除法"来看，明显发现前面两个选项对我都不好：凭口才、职权跟声音大小，我当然可以当场跟她吵起来，但这有失主管的身份；第二，如果要找老板告状，我在庄钧源心中的分量一定大于这位助理，但庄钧源会怎么看我这个人？身为主管的我，度量是不是太小？这两个选项，都像《孙子兵法》中说的："杀敌一万，自损三千。"看似出了一口气，但对我的长期职业生涯都不会有正面帮助。所以，我选择当下忽略她，不对这个举动不成熟的秘书采取任何负气作为。

当然，我也会立刻跟我的助理沟通我对这件事情的看法。我的下属从来不会觉得我不够"挺"他们，因为帮他们争取待遇、福利，我向来慷慨，从不吝啬；然而，遇到这种小事，就不必为强出头而掉进意气之争。

◎让当下的挫折成为奋斗的动力

另一个让我记忆犹新的故事，则是更早之前当业务员时，有一次，部门主管带着另一位资深业务员出去谈生意，回来后，这位资深同事对我得意地炫耀："把你的订单也带回来了！"

"太好了，我就凉凉了（闽南语）！"本来我只想开个玩笑，没想到对方冷冷丢下一句："没事的话，有空就把办公室打扫一下！"语气非常不尊重。

同样，我可以立刻因为这句话跟同事争吵，但我没有。与其急于发泄情绪，不如逆向思考，让这句话变成我奋斗的动力。后来，我每说一句话，都会自动在大脑中迅速跑过一个完整流程："设想目标→根据目标发掘对方需求→决定说话方式，满足需求并达成目标。"这次经验让我之后每次在开口说话前，都更加谨慎。

对刚进入社会的年轻人来说，凡事"退一步"想并不容易，事实上对我也不容易。虽然我当天忍下来了，但这两件事情，过了十几年我却还清楚记得，显然，我的火候也还是不大够。尽管如此，现在回头去看，我仍然庆幸当初没有引发更大的风波，是明智的做法。

处理办公室冲突时，先想清楚什么事对自己最重要，是自己真正追求的目标,这绝对是不二法则。如果目标是在最短时间内在工作上有所表现,就不必逞一时之快,把心力浪费在"茶壶里的风暴"上。你不能要求别人不攻击你,但你可以选择不让自己受伤。我们不必一厢情愿地追求"好人缘",然而保持"高调做事,低调做人"的原则,至少可以降低树敌机会,减少人际关系中的杂音。

★ 吃亏就是占便宜？

1. 把同事当贵人，而不是竞争或比较的对象

遇到比自己强的同事，就虚心学习对方；比较弱的，就协助对方。这样心胸自然会比较开阔，不会陷入无谓的比较心态中。

2. 眼光放远，眼前吃亏，不代表以后吃亏

处理横向关系时，要着重长期的利益，目前某件事情的公平与否是其次，先求圆满，才可能促成未来更大的成功。

3. 碰到冲突时，谨记八字箴言："立场坚定，态度温和"

不必疾言厉色或大动干戈，但是也不要因为对方态度强势，就失去立场，做出本来不应该做的事。

第7章　面对挫折：笑对"种瓠瓜生菜瓜"

不论我们多会做事、EQ 有多高，在职场上也很难不碰到挫折。出现挫折往往是因为运气不好，但运气的好坏我们难以掌握。不过，用正确的方法和态度去面对挫折，反而可能借机让我们功力大增，因此要乐观面对"种瓠瓜生菜瓜。"

很多人看我在飞利浦的经历，是 7 年中升迁 6 次，以为我一路走来一帆风顺，没有遇上什么大挫折。其实完全错了，只要掀开我的衣服，你会看见前面是刀伤，后面是弹孔。我碰到的挑战跟意外，完全不比别人少，而且很多是我根本完全无法掌控的。

回想起来，这频率之高连我也很惊讶：平均一年多一点，我就碰到一次职业生涯中的重大震荡。只是我习惯把挫折跟意外当成锻炼，所以它们最后在我的人生中，都留下了正面的印记。

◎挫折之一：兜兜转转才遇见伯乐

前面谈过向上管理的重要性，大家可能羡慕我遇到像庄钧源这样的"伯乐";不过我不是一开始就碰到好老板,也跟很多人一样曾经"跟错对象"。

我还在美国念 MBA 时,已经和飞利浦(台湾)的主管联络,表明学成后想重回公司的意愿。为了争取机会,我确实刻意密集地跟主管保持联系,让他知道我的近况;但万万没想到,这段时间我费心经营的人脉,在我回来后的一年内,他却高升到中国大陆分公司,不再担任我的主管。

假如纯粹从"利害"的角度衡量,有些人可能会觉得"白忙一场"。或者如果当时我只经营私人关系,没有向专业扎根,一旦老板换人,我在公司的积累也可能跟着归零。但是,我并没有这样想,无论谁是我的老板,我都维持一贯的认真。果然,后来我还是被庄钧源看到,在重回飞利浦一年后,顺利升任为经理。后来的结果,并没有因为主管更替而受到任何影响。

◎挫折之二:工厂最后还是关门了

人生的考验总是难以预料,我们虽然可以投入最大努力,建立正确态度,却仍然要有心理准备。有些变化,就是无法凭个人之力扭转。

就像我在飞利浦(台湾)的职业生涯后期,身兼 LCD 和磁性材料两个业务部门的经理,也靠着自我要求和努力,带领冷门单位做出令人刮目相看的成绩;但回头去看,从始至终,我拿到的都不是一手好牌。

16 年前,虽然大家都看到 LCD 面板会是未来的明星产业,荷兰飞利浦也希望在当中卡位;但没有人能预料到,后来荷兰飞利浦的 LCD 厂,竞争力比不过韩国、日本,最后不得不关闭。面对这样一个母公司竞争力不足的事业,当时我大可以选择不玩,或是敷衍了事;但我并没有,还是想尽办法,把 LCD 产品卖到台湾目标市场。我想,大家都看到了我的这种态度,因此,即使荷兰飞利浦的 LCD 工厂仍旧走上熄灯一途,却没有人质疑我不够尽力,我的付出也没有因事业结束而被磨灭。

◎挫折之三:莫须有的无礼对待

对职场上与人应对的进退分寸,我的哲学始终是"圆满比对错更重要"。因为别人的不友善或对立态度,有时很难用是非来判断解决,与其纠结于谁对谁错,不如创造一个圆满的结果。这也是同样通过挫折使我学到的一课。

尽管有先前的挫败,但飞利浦一直没有忘情 LCD 市场,所以 1997 年年底,荷兰飞利浦宣布收购日本 Hosiden 的 LCD

厂，以此作为重回 LCD 产业的入场券。对 LCD 业务最熟悉的我，自然又被指派去处理收购相关事务，当时我 31 岁，得和 Hosiden 的对口——50 多岁的日本主管千叶先生进行各项业务交接事项。

明明我代表收购企业，地位上具有优势，千叶先生却只把我当后生晚辈。他不但给我脸色看，架子十足，更认为飞利浦只不过是出资企业，最后还是得依赖他进行实质管理。交接过程中，每次开会都充满火药味。

换成其他人，可能认为接到这个任务很倒霉，因为按理根本不必受这种气；但我还是希望和气生财，想了几天，决定趁圣诞节前夕，挑了一个飞利浦咖啡壶送给千叶先生。当天我拎着礼物，在 Hosiden 的接待处等了一小时，他完全没有现身，问秘书，也始终用一句"他还在忙"来搪塞我。说我心中没有不高兴是骗人的；但我还是先放下礼物，才告辞离开。

遇到别人不合理的对待，就当作磨炼吧！为了完成交接，后来我每天仍旧与千叶先生碰面。直到最后一天，没想到，千叶先生竟用一口浓浓日本腔调的中文对我说："我是不喜欢飞利浦啦！但 Telly 桑，你很专业，我不算讨厌你。"那天晚上，他亲自请我去吃了一顿日本料理。

只要坚持做对的事，一定会有对的结果，哪怕中间可能很

第 7 章 | 面对挫折：笑对"种瓠瓜生菜瓜"

辛苦。和千叶先生的这段相处，不也是个好例子？

◎挫折之四：合并去 LG？

纵使大大小小的意外不断，但我怎么样也没想过，我在飞利浦（台湾）工作的末期，竟然得面对"失根"的考验。

1999 年，韩国发生金融风暴，企业面临倒闭潮，荷兰飞利浦趁机买下乐金电子（LG）的股份，与乐金合资成立新的 LCD 面板公司。由于双方都有持股，都认为自己是老板，在高层不断争执后，为了避免双头马车运作，最后的决定竟然是：把飞利浦 LCD 事业合并进 LG 团队。等于说，过去 10 年都是飞利浦（台湾）员工的我，一夕间成为韩国 LG 集团的员工。

从企业追求竞争力的立场，合并策略没有错；但从我的角度来看，这却是职业生涯上天翻地覆的变化。我在飞利浦有完整的工作纪录，那一年（2000 年），我才刚刚被选为全球电子零部件事业部的 Top 100 经理人。虽然我会跆拳道，但这完全不代表我喜欢韩国的企业文化。我从来没有想过要在韩国企业工作，又如何在 LG 中重新规划长期职业生涯？所以，当时公司问我意见时，我非常坚定地表达宁可不卖 LCD，重新在飞利浦内另找一份工作，也不去 LG。

这个大变动不只牵涉到我个人，如果要合并，我下面的 7 位弟兄又该怎么办？我还记得当时主管们针对这件事开会讨论，庄钧源说："如果 Telly 不去（LG），他的下属也不会去。"当场却有另外一位总经理直言道："我才不信！谁愿意去 LG，我就给他们两倍的工资。"

我下面的同事看到公司开出的"加薪条款"，纷纷跑来询问我的意见。我再次表明："第一，我不会去；第二，你们得自己决定，我不会用人情来勉强你们；第三，如果你们不去，只要我在飞利浦有新的工作，我会在新的机会中与大家努力合作。"我清楚地和下属说明我的选择。

当天，7 个弟兄回家各自进行一个晚上的考虑。隔天一早，他们全部表示留下，让那位提案的总经理尴尬不已。至于不去 LG 的结果，是我被调任到美国硅谷，升职为零部件事业部的全球销售负责人。不过，去硅谷就任 3 个月后，中强光电就找上我，让我展开下一段职业生涯的旅程。

◎ 你可以选择面对挫折的态度

7 年升迁 6 次的背后，其实是一次又一次挫折迎面而来，我也选择正面应对的经验。假如从负面的角度看，我也可以抱怨自己运气真差：一开始费心经营主管关系，他却被调去中国大陆市场，完全没发挥上作用；让我负责 LCD 生意，结果荷兰母公司 LCD 厂被卖掉；叫我接手日本厂的并购工作，结果日本厂又打不过其他竞争对手；最让人措手不及的，是我在公司合并韩国厂的过程中，投入心思居中协调，最后的结果却是要我成为韩国公司的一员。

◎ 换作是你，你会怎么想？

我喜欢用"种瓠瓜生菜瓜"这句话描述我看待挫折的态度。我们从来无法去预测部门、公司、产业未来如何发展，但可以决定当下用什么态度。即使原先的预期是"种瓠瓜"，情况却发生突如其来的变化；但只要用积极的心态面对，做"对"的事，结果或许与最初的想象不同，却一样会有所收获。

等过了一段时间后再回头去看，说不定会发现，后来收获的"菜瓜"，甚至比最初以为的"瓠瓜"滋味更丰盛、更美好呢！

★面对挫折,你该怎么想?

1. 这个挫折是影响你的心情,还是实质的人生方向?

我有个金字塔理论:能帮你达到专业的金字塔顶端,这就是好工作。例如,有好的升迁制度、有好老板愿意教你;但很多人在职场上不愉快却不是因为这些"大事",而是人际关系不愉快、工作偶有不顺的"小事"。如果遇到的挫折会影响职业生涯的大方向,或显示目前的做法不正确,不要忍,要采取行动改变;但如果影响的只是心情,这不算挫折,请忍下来,学会消化。

2. 当挫折感席卷而来,怎么让它平息?

我自己有一句话:"做自己不喜欢的事才是学习。"当下去做运动、转移注意力都是好方法。然后,不妨静下心思考接下来采取的步骤,帮自己转移到更高的目标。

3. 任何人都会有挫折,即使看起来他的经历一再平顺。

关键是,我们要懂得从挫折中汲取养分,这样任何的挫折都会变成日后的资产。

第 8 章　人红更要少是非：用 120% 的努力证明自己

> 当时，飞利浦的主管如果去日本出差，飞往当地后，多半以出租车为交通工具。至于我，就算部门赚钱，一直以来，我到神户使用的交通方式，永远都是采取最省钱的做法：公交车、地铁，辗转衔接要转好几次，只差自行车没用了。
>
> 如果我不想听到别人说闲话："Telly 出差都那么享受"，我就必须有所坚持。

上一章谈了我怎么面对挫折，这一章我想分享我在这段职业生涯中学到的另一个心得：待人处事之道。我常说的一句话是"人红更要少是非"。能力越强，越要留心自己的行为举止。

因为很早就当上经理，又是同一个级别中最年轻的中级主管，潜意识里，难免在意别人怎么看自己。让人嫉妒或引起批评总要有个切入点，会出现这类缺口，一般来说不是因为自己不拘小节，就是得意忘形，所以我尽量要求自己不犯下这些错误。

所以我把自己绷得很紧，要求自己付出120%的努力。每天固定上午八点多就上班，下午很晚才离开公司；就算头一天晚上有应酬，第二天依旧准时在公司出现；明明年纪才30岁出头，但我打的领带、顶的发型都很老成，因此被人误会成40多岁是常有的事。我已经努力做到让每个环节没有漏洞，但所谓"不招人妒是庸才"，快速升迁的背后，不可避免地会带来同僚异样的目光：你努力工作，别人说你"做作"；你站在老板角度思考，别人说你"拍马屁"。

到底要怎么做才能避免"两面不是人"的窘境呢？我有些看法可以给大家参考。

◎该听"旁观者"还是"重要者"的话？

英文有句谚语：It is impossible to please everyone（你没办法取悦每一个人），这句话用在职场中的人际关系上非常适用，我们没办法照顾办公室里所有人的感受，所以，你得首先区分出谁说的话应该重视。

对未来发展有相当影响力的人，例如直属主管，我把他们列为"重要者"，必须非常在乎他们的眼神，虚心接受他们的评价，并思考如何改进。而横向的同事、下属等对未来发展没有直接关系的人，我称为"旁观者"，可以参考他们的意见，有正面意义的要接受；但纯属好恶的批评，则要练习养成大而化之的态度，不用太在乎。

换言之，如果我们今天站在老板角度看事情，学习换位思考，支持他的决策，却招致别人暗地批评"拍马屁"，不妨从两个角度来反思自己：如果自己思考的是公司经营、如何积累专业能力尽早达到老板一级的水平，就可以完全不用理会身边的杂音。相反，如果别人的批判是因为自己太过于讨好老板，而且牵涉到的是无关工作的琐事，那么听到别人有这种"闲话"时，就有自我检讨的必要。

◎究竟是"修理"还是"提醒"你？

我们应该有足够的智慧分辨出，哪些是恶意的"攻击"，哪些是不中听，出发点却是基于善意的"提醒"？然后，找出方法，去正面消化对自己的指责。

我和庄钧源之间有几个小故事可以分享出来。有一次，我们和一家大客户开会，由于那个年代还不流行使用 PowerPoint（美国微软公司出品的演示文稿制作软件）做简报，我只得在白板上不断写下讨论事宜。随着讨论项目愈来愈多，白板逐渐被写满，我也不自觉地身体越蹲越低，到最后几乎是蹲在白板下面，背对着大家埋头苦写。

当时脑海中虽闪过一丝"可能不大好"的念头，但很快被"我是男的，应该还好"的想法掩过，也就没有再细想。

会议结束后，庄钧源立刻把我叫过去："你刚才的姿势很不雅观。"突然被这么一说，当下我也愣住。"身为职业经理人，你怎么可以不懂得保持姿势？写不下（白板）就换到另一边去写，不可以蹲到地上写。"庄钧源严肃地说。

有些人可能会想，老板何必如此吹毛求疵？但是我却马上明白这是庄钧源训练我的一部分，他不只是在传授我做简报的技巧，更是教我要时时记住自己"管理者"的身份，举手投足都要在团队面前维持专业性，这是为我好，不是让我丢脸。

另一个例子，则是我年轻时难免年少气盛，和老外同事沟通时，一激动话就会越讲越急。为此，庄钧源特别告诉我："你和老外说的都对，但还是要保持讲话语气平稳，不要让别人觉得你情绪化。"如果把老板的"提醒"都当作"修理"，那就完全听不下去了。但幸好我没有落入"自尊心受伤"的情绪漩涡中，认为庄钧源让我"难看"，反而把这些劝告当成"指导"，仔细存在记忆中。事实上也都一一证明，这些忠告让我后来受益无穷。

第 8 章 | 人红更要少是非：用 120% 的努力证明自己

◎时间会证明你的能力

如果真的受到别人的攻击，只要有足够的耐心，去证明自己的能力，这些流言自然也会消失无形。

就像我到日本 Hosiden（星电）的 LCD 工厂办理交接时，不只是千叶先生，连对方主管的年纪都至少大我 10 岁以上，看到 30 岁的我代表飞利浦前来，人家认为我不过是来充场面的，完全不肯定我的专业。

我没有急着立即去证明什么，我知道自己会有机会。

有一次，飞利浦（台湾）使用了 Hosiden and Philips（星电股份和飞利浦）合资公司的 LCD 面板，因为质量出现问题，一时找不出原因，合资公司只得从日本派了个老师傅和一位最厉害的技术主管来解决。这两位忙了整个下午，却没找出症结。身为业务员的我，直到傍晚赶去和他们会合，我一边询问他们先前做了哪些实验，一边在白板上画了个流程图，先从已做的实验来排除问题，接下来，我再从流程图中标明下一步应该测试的方向。

当我刚刚说完话，只见那两位日本主管不约而同地瞪大眼睛看着我。"Telly 桑，你以前是工程师吗？"老师傅率先发问。

"不是啊,我一直都是做业务。"我也好奇他怎么突然有此一问。"你怎么能够这么快就找出解决问题的方向?"另一位平常见到我总是"踂"得不得了的技术主管,突然对我客气起来:"Telly 桑,你可以来当工程师了。"

其实我只是靠长期浸淫在这个领域的经验,加上思考清楚、反应快一直是我的强项,在这个时间点刚好派上用场,没想到,就此让他们对我的印象大为改观。从这次经验更让我相信,不管别人最初怎么看,时间一定会给我机会,重点在于这一刻到来的时候,我要如何证明自己。

◎ 为了更好的自己,约束现在的自己

也许有人会问我,要做到"人红又不嚣张",某种程度是有点违背人性的。毕竟好不容易建立了自己的"不可取代性",偶尔纵容自己或"骄傲"也是人之常情。为什么我可以做到这一点,而且持续下去?

英文中对"行为规矩"的说法是 behave yourself,从字面上看,它的意思是"做自己",但什么是"自己"?我的脑海中有个时间轴:如果我的目标在更好的自己,也就是有朝一日成为大企业中的高级主管,为了成就这个未来的自己,我愿意约束现在的自己。

我还记得，当时飞利浦的主管去日本 Hosiden 出差，飞到神户当地后，多半直接坐出租车去现场。至于我，就算部门赚钱，一直以来，我在神户所使用的交通方式，永远是最省钱的做法：出机场后先搭公交车再转地铁，然后接小公共汽车，辗转衔接好几次，只差自行车还没用到。

我很清楚，如果我不想听到别人说闲话："Telly 出差都那么享受"；如果我把"自己"定义成一个年轻却不让别人觉得趾高气扬的成功者，我就必须有所坚持，而这一切都是为了达到以后的目标。

把眼光放远，对现在的自我要求就不会觉得辛苦；而且对别人的批评、指正也能更加泰然接受。最重要的是，我可以专心于不断成长，少了不必要的烦恼，前进的动力更强。

★ 听到批评或闲话,你该怎么想?

1. 先反思自己

有没有因为自恃表现,就忽略与其他人相处的细节?越是站在浪尖上成为大家注目的焦点,越要严格约束自己。

2. 判断对方是"旁观者"还是"重要者"?

如果是来自直属上司等对自己未来发展具有影响力的"重要者",不但要虚心聆听、接受,更要想办法扭转在他心中的不良印象。如果是来自对自己职业生涯不直接相关的同事、下属,有过则改之,若错不在己,就不必太过在意。

3. 正面消化批评

找出批评对自己的正面意义,就不会掉进沮丧或受伤的情绪中。反过来想,愿意批评你,冒着得罪你风险的人,都是职场中的"贵人",有他们的直言不讳,才能让自己朝更好的方向迈进。

第二篇
经营管理

第 9 章　换跑道：抓住大方向，小事不用太精明

对于中途换跑道，很多人常常想得太精明，于是不敢碰"没经验"的事。其实不然，抛开包袱，尝试新挑战，更有可能带你攀升另一座职业生涯的高峰。

说到换跑道，这个考验经常比找第一份工作更大。许多人工作多年后，面临中途转换跑道，脚步比年轻时更踌躇，原因就是有了前面的基础后，得失心重了，怕踏错一步，结果不是越换越好，反而是前功尽弃。

我也有过这样的经验。34 岁，我离开前后深耕近 10 年的飞利浦（台湾），从外企转战本土企业。这个决定"聪明"吗？换成其他人，答案未必是 Yes，但是对我来说，职场中段做下的这个抉择，却带给我最深刻、也最意想不到的收获。

前面提到过，我在工作上定的"第一个月亮"，是"到大企业里担任高级主管"。这一点，我在飞利浦（台湾）做到了，最后被调往美国硅谷担任飞利浦零部件事业部新成立的无线传

输事业处的全球销售负责人。然而，达成这个理想目标后，下一步该做什么？我的心中开始浮现一个新的问号。

我问自己：敢不敢离开飞利浦这样健全的大组织，到一个相对资源少的公司去证明自己存在的价值？敢不敢参与一个创业团队，跟公司从无到有一起成长？如果要回答这个问题，不管是继续留下来，还是去其他类似的科技类大型外企任职，都无法找到解答。除非，我给自己一个更大胆、更不一样的新目标。

就在我反复自问，希望厘清心中的鼓声，找到方向之际，一家从事计算机显示器整合制造的台湾企业——中强光电意外地找上了我。

◎当机会来敲门

当时，中强光电的组织架构是从五大 ODM 客户特别划分出五大事业处，这五个事业处的处长多半为老中强光电人，背景很相似，总经理李有田希望找个业务员出身的主管来统筹管理。过去在飞利浦（台湾）工作时，我和中强光电曾有过业务上的往来，应当是这一层关系，让对方想到我。

李总经理第一次找我面谈，我很快就婉拒了这份工作。一来，我刚被提拔，若突然跳槽，对公司说不过去；二来，跳槽到中强光电的工作,和我留在飞利浦(台湾)的工作在本质上没有太大差别。不过,对方一直不放弃,陆续和我谈了两三个月,到后来,李总经理更表示董事长张威仪想找我聊聊。业务行业做久了,我既不愿对长辈失了礼数,也很难拒绝任何拓展人脉的机会,于是就答应见面再谈。

和张董事长见面后,没想到,他当场给了我一个新的工作机会。当时,中强光电正打算成立新公司——扬明光学,负责制造投影机里的光学组件。张董事长观察,扬明创业团队中缺乏业务员出身的主管,而我在飞利浦(台湾)卖电子组件的经验正足以补上这块能力缺口。所以,他极力游说,希望我能加入新创立的扬明光学。

这个意外的选项是个好工作吗?当时我只能看到它将不同于飞利浦,也不同于前一个中强光电的职缺,我就像去参与一个公司从无到有、站稳脚步最重要的生命历程,在里面,我能获得全新的经验。想一想,我觉得挺有意思,就决定接下挑战。老实说,新工作的待遇并没有比以前高,而且之后我得每天往返台北和新竹上班,通勤时间一下子拉长到一天3个小时;但即使如此,我仍然觉得值得一试。

左思右量后才跨出这一步,无非是希望对这个重大决定,我能再次做到 well-prepared。没想到,后来又出现两股力量,让我走上完全超出最初预期的道路。

◎组织内的意外转弯

到了扬明光学，我才发现，它在经营初期，近八成产品出货都是供给自己的母公司中强光电，最大客户等于是"自己人"。我这个外面来的业务角色，一方面有些尴尬，另一方面也让我觉得自己的专业价值没办法马上彰显。巧得很，中强光电一面创立扬明光学，同时也自创投影机品牌——奥图码（Optoma），企图在代工基础上，同步开发自有品牌产品。奥图码的台湾办公室除了扮演奥图码的全球总部，并兼亚洲区总部；全球总经理同时兼任亚洲区总经理。不过，因为公司刚起步，全球总经理表现不如预期，让公司决定另找亚洲区总经理。

我想，我在扬明光学的尴尬处境，公司不是没有看见。张董事长于是希望我调往奥图码，接下亚洲区总经理。这一次工作调动对我来说有好有坏，好的是，我又回到台北上班，不必两地奔波；但之后的工作内容，却充满更多的未知数。

在扬明光学，我负责光学零件的 B2B（business-to-business，企业对企业）生意，基本上和我过去的工作经验相结合；调往奥图码，得转做 B2C（business-to-customer，企业对消费者）生意，坦白说，光心态就需要做很大的调整。毕竟，B2B 的模式中，客户数顶多只有个位数，只要把他们经营好，就能达成上百亿元新台币的业绩；一旦变成卖投影机给大众消费者，我得卖出多少台，才能做出上亿元的成绩？这样一算，霎时间，我竟突然有种"越混越差"的沮丧感。

另外，上一次从外企跳到台企，起点是出于自己的选择；但这一次内部调动，却让我萌生出自我怀疑：因为我没把眼前扬明光学的工作做好，董事长才有了调我去奥图码的想法？这表示老板对我失去信心了吗？我应不应该继续留在这里？"去"与"留"间的矛盾，顿时让我陷入格外的挣扎。

只是，这些杂音最终被心中另一股更强烈的念头镇压住：我不服输。如果现在立刻离开集团，另觅出路，不就等于默认失败？我告诉自己，就算要走，也要做出成绩，留下潇洒的背影。靠着一股不服输的拼劲，我决定不再去想"有没有把握"这件事，毅然决然走向奥图码。

◎从做业务到经营品牌

虽然一开始就知道不容易，但初期接手奥图码时，难度还是远远超乎我的想象。

首先，奥图码是新公司、新品牌，不只我们没做过，时间倒推到9年前，经营品牌在台湾也仍然是一门新学问。本土品牌的成功案例，除了宏碁等少数先行企业有些经验外，放眼望去，业界根本没有什么学习范本，或经过验证的成功模式。

再从个人专业来讲，我也根本不懂"做品牌"。当初进奥图码，只凭着"一口气"，我这个只做过业务工作的人压根没去想"做品牌"需要的知识跟能力，只以为想办法把投影机卖出去就好，完全低估品牌经营跟营销是个复杂的大工程。

尽管碰上一块又一块大石头，但现在的我会说：幸好，当时选择留在奥图码。进入奥图码一年后，我发现工作比在扬明光学有趣得很多：就是因为我不懂，所以做事完全没有按照既定规则走；思考也没什么框架，因为一切从头开始，我有无限空间可以挥洒。

9年前，整个投影机产业年成长率不过20%~30%，但我大胆定下第一年业绩成长3倍的目标，几乎让所有人跌破眼镜。不过，我们第一年就兑现承诺，甚至之后连续3年，业绩每年成长3倍。这让我真正觉得个人能力得到充分发挥，得到了实质的肯定。

今天再回头看，我的体会很深。虽然说起来，我并不算真正创立奥图码，但在经营奥图码（亚洲区）的过程中，很像在组织内部创业，我不断被迫去思考：如何在没有资源或是资源较少的情况下突破，寻找最佳、更佳的各种可能。如果我仍留在飞利浦（台湾）或跳槽到其他公司，自始至终，我可能都只能是大公司的螺丝钉。不像经过这 9 年在奥图码（亚洲区）的磨炼，我已经建立信心：相信自己能胜任作为一个品牌的舵手。

最初，换跑道到扬明光学是我考虑后"精明"的选择，之后因缘际会跑到奥图码，却是称不上聪明，甚至当时连调动也未必说得上是心甘情愿的，但谁能想到在奥图码能帮助我走出另外一段故事呢？

所以，回到中途换跑道的命题上，我们换工作，常想得太多、估算得太多，甚至为了"趋吉避凶"，往往不敢碰"没经验"的任务；然而，人生的惊喜往往需要先抛开包袱，大胆去做从来没做过的事。毕竟，登上职业生涯高峰的阶梯，从来不是在最安全的道路上，我自己就是最好的例子。

★怎么思考职业生涯中途"换跑道"?

1. 换工作前,有扎实的出发点

我曾提过"对准月亮,至少射得到老鹰",只要能帮助我朝向"月亮"的工作,都是好工作。不过,我看到很多人转换跑道的动机,并不是确认自己有了新的"月亮",而是因为新工作工资多了一点、和原有老板处不好等"短期"、"情绪上"的理由。这就不能说是考虑清楚。

2. 别怕自己不懂新工作所需要的专业能力

以我本人为例,我刚进奥图码时,完全不懂得怎么经营品牌,但对自己的业务核心技能有信心,就用业务能力弥补其他方面的不足。进奥图码的头一年,我单纯靠业务能力就让业绩翻3倍。

我的建议是,不要害怕尝试,不要害怕经验不足,抓住以下几个大方向,就可以争取学习时间,慢慢补上自己的不足:

(1) 做事时,永远思考如何用最小成本做最大产出。

(2) 学会冷静分析问题,听取旁人建议。

(3) 给自己信心,没做过的事情,不代表"不能做"。

3. 用"破釜沉舟"的决心来面对新工作

一旦决定迎接改变,就要勇往直前。比如当年,我离开扬明光学来到奥图码,从没想过失败了有没有退路,能不能回头。把"往前冲"当成唯一的选项,才有可能做出成绩。

第 10 章　新手主管的快速成长学 I：
　　　　找对的人做对的事

> 不管我事先怎么规划和准备，眼前的任务，仍然明显超越我的专业范围。此刻，我该怎么面对？以前靠我一个人就能扛起所有工作，但现在既然承认能力不足，我就得找到对的人来帮我。

每个人在职业生涯中都希望往上爬，但是依照管理学著名的"彼得原理"（Peter Principle），在攀登的道路上，我们一定会碰到能力瓶颈，甚至有时候，不管怎么做，就是无法胜任眼前工作的要求。这时候该怎么办？事实上，我一开始接手奥图码，面临的就是这种处境。

进入奥图码后，我的首要任务说简单很简单、说难也很难：让奥图码投影机在亚洲市场的销售量增长。一路以来，我都是"超级业务员"，起初以为卖的东西不过是从电子组件转成投影机、从台湾市场变成亚洲市场，新任务看起来难度并不高。可是深入了解后，却马上发现自己碰到两道关卡：

第一，以前我只做 B2B 的生意，客户对象明确；现在却是经营 B2C 消费市场，人人都是潜在客户。做 B2B 的生意，客户数目不多，我可以逐家拜访；经营 B2C 消费市场，每个人都是潜在客户，不可能一个一个都见面。光会做业务根本不够，还要懂通路、营销。问题是，这些都是我欠缺的核心技能。

第二，我必须掌握的市场，从过去熟悉的台湾地区，一口气扩大到日本、中国大陆、印度、韩国……各地消费者习惯、特点大不相同，我也没有任何相关经验。

换句话说，不管我事先怎么规划和准备，眼前任务明显超出我原有的专业范畴，我要怎么迎战？

以前光靠我一人，就能拉起整个业务工作，但现在既然专业跟知识都不足，我知道，我一定要找人来帮忙。

◎招兵第一部曲：对内重整团队，留下对的员工

本来，我打算从目前的团队中寻找大将。说实话，中强光电董事长张威仪先生先前曾私下提醒我，他并不满意目前的人员组成，建议我直接调整团队。而我没有立刻对外大举招兵买马的原因，其实是太有自信，以为只要让我来领导，底下的人就算能力差一点，一样可以"把牛当马骑"，慢慢带起来。不

过，9个月后，我发现自己完全错了：人才的缺口太大，这样做缓不济急。我必须采取更积极的做法重整编制。

记得当时业务和营销人员加起来总计不到20人，但最后我只留下两位员工。大刀阔斧修剪组织固然会带来阵痛；但留下对的人、并把他放到对的位置，对我来说却更重要。现在我的左右手之一，负责韩国市场的韩国业务处副处长张金弘，就是其中最具代表性的例子。

张金弘从小在韩国长大，长大后才回来念大学，是个韩语说得比汉语还好的华侨。在我接手奥图码时，发现像他这样的韩语人才竟然被放去当台湾市场的小业务员；反观另一头，奥图码在韩国市场的业绩表现，却长期挂零。我看他工作很认真，既然韩国市场做不好，为什么不派他"回故乡"去试试？所以，我大胆地问他："你愿不愿意和我合作，一起打韩国市场？"

那一年，我们一起在韩国打拼的日子，我到现在仍记忆犹新。

2003年，我到奥图码还不满一年，亚洲就爆发了SARS疫情。每次我和张金弘飞到韩国跑业务，两个人都会在客户门口预先测量耳温，希望让客户放心：我们不会带来病毒。这样互相扶持，后来竟在韩国一路从零起跳，做到今天是韩国市场投影机品牌的前三名。回头去看，张金弘实在功不可没。

花上9个月时间，才"动手"对内调整组织，或许有人会觉得太慢；可是留下张金弘并找对舞台重用他，却绝对是个非常正确的决定。留对了一个人才，对后来奥图码的发展产生了关键性的影响。

◎招兵第二部曲：对外放胆向业界求才

一面对内"汰弱留强"；另一方面，我也加紧向外寻才。当然，我没有忘记以前建立的人脉，很快联络上两位飞利浦（台湾）的老部下——陈仕翰和王钟隆，邀请他们一位负责海外业务、一位负责产品管理。基于以前的共事基础，他们也很快就答应了。

然而，要吸引更多强将愿意投效，光靠奥图码的知名度跟规模，实在非常困难。何况，我连花钱委托猎头公司招人都负担不起。既然"一般"的方法走不通，我心想，不如另出奇招，说不定会有意想不到的效果。

我想出的方法很简单：直接杀进对手阵容，进行"挖角"。

当时我将心目中前十大投影机品牌一一列出，请人力资源主管分别打电话到每家公司，假装是客户，要下单购买投影机，然后请总机转接给业务主管。通过这种方式找到适合的对象后，再问他有没有意愿和我谈谈。这样前后打了不下10通电话，最后竟然真的有5位愿意见面，包括现任奥图码中国大陆地区总经理谢明远。当时他任职于另一家日资投影机品牌，就凭一通电话邀约，2003年8月，我们两人约好在公司附近的咖啡厅碰面，在此之前，我们彼此完全不认识。

一见面，谢明远就问我好几个问题，我到现在还清晰地记得。

"你们是不是真的想认真做品牌？"他问。"真的，我们想想扎扎实实地经营，做一个和日本企业并驾齐驱的投影机品牌。"我回答。"为什么你觉得奥图码可以成功？"他的第二个问题也很犀利。"我们的母公司，是专门帮一流投影机大厂代工的中强光电，技术没问题。只要有好产品，有优秀人才建好通路、做好宣传，我相信我们一定有机会。"

向他分析现状时，我做了个比喻：跨国的3C品牌就像百货公司，旗下什么产品都有，但投影机从来不是它们的重点。"我们可以用一军打别人的二军，总有一天会超越他们。"我更直接地劝说他："虽然我在这行没多少经验，但我自许是一流人才，我觉得你也是。"

另外，我也主动分享自己长期在外企的心得。即使待在飞利浦（台湾）这样充分授权的外资企业，但真正当上高级主管,发现中国人要进入决策核心,还是不容易的;可是,在本土企业只要表现好,职业经理人就有机会成为"脑",而非只是当"手脚"。"我想为台湾投影机产业写下一页历史,证明本土企业一样能超越日本品牌,你有没有兴趣共襄盛举?"

没有筹码提供高薪或股票分红,如何打动心中属意的将才?想起三国演义中"桃园三结义"的故事,刘备当时也没有任何资源,却还是吸引了诸葛亮、关云长这些大将愿意跟随他,我相信最终都是凭理念和诚意,才是说动对方的关键。

◎招兵第三部曲:志同道合最重要

我一面诚心描绘公司愿景,当然,也同时默默近身观察谢明远。那几天,我密集地跟电话上邀约来的五人面谈,谢明远是我第一个谈完后,就决定要延揽的对象。

除了经验与能力,我更看重共事伙伴的价值观与个性。当我问他,如何在短时间内建立渠道和进行销售,他的回答除了和我想法接近外,态度更让我激赏。业务人员通常都擅长包装自己,容易把五分实力讲成十分;但谢明远除了装扮朴实,当天连领带都没打之外,说话不带一点"吹牛",非常实在。我看得出来,可能他能力有十分,口头上却只会讲出五分。我欣赏的正是这种脚踏实地的性格。

尽管我对谢明远"很中意",但他当时已在那家日企工作7年多,对换工作非常谨慎。我锲而不舍,后来又和他长谈了几次,他才点头答应。

在我接手奥图码(亚洲区)一年多后,核心团队终于大致成形。这段时间加入的人马,直到今天都仍是我倚赖的左右手,我们一起实现了当初的梦想。

常常有人问我,打造一支成功团队有什么秘诀?首先,得先认清自己的"不能",才能虚心看见别人的"能",然后放下身段,诚心以对,让有能力的人愿意加入,成为自己的战友。

不仅要懂得欣赏对方的才能,为他找到可以发挥的舞台,更要塑造一个值得一起追求的未来。有句话说:"共患难易,同安乐难。"如果部属不知为何而战,很难一起打仗,走得长远。一路上,即使目标随环境改变,这个理想一定要始终高悬,这是身为领导者必修的功课。

打从一开始,我邀请伙伴加入时,目标就不只是追求一家公司的经营成绩而已。我真正想做的是:"写下台湾投影机产业的一页历史。"这句话是当时的我、现在的我,一直带着团队努力的方向,相信也是他们愿意与我一起奋斗最大的理由。

★ 初接新任务，如何建立自己的班底？

1. 原有团队若不堪用，就要下定决心换血

当时花了 9 个月时间才学到这一课，若换到今天，我会更快也更有系统地评估新团队的素质，思考哪些是应该重用的人才，哪些人应该调整。

2. "看人"的重点，在个性跟本质

卷起袖子一起做事，人的本性就会出现。个性契合自然能走得久，这才是选伙伴的重点。

3. 万一"看错人"，也要懂得通过后续沟通和要求来变强

每招进一个人，当然都希望他是"黑马"，有了他，团队跑得更快。但是往前跑的过程中，难免慢慢会发现有人落后，或是跑得没有想象中快。如果同事没有跟上来，一开始，我会先提供时间和支持，但我也会明白表示："我不能因为一个人落后，就放慢团队速度。如果你跟不上我，跑着跑着我们中间就会出现第三者（其他更能干的同事），以后你的直属主管就不见得会一直是我。"给他压力与危机意识，但也同时拉他一把，才能让"掉队"的赶上来，大家在同样的速度上前进。

第 11 章　新手主管的快速成长学 II：
　　　　先做出成绩，再引领变革

　　发现自己专业度不够时，如何争取时间，并快速变强？首先，找出这个产业成功的通则，然后在复制成功经验时善用原先拥有的核心技能，尽快先做出一点成绩；有了成果之后，才有机会赢得周遭的支持跟资源，建立良性循环后，自然能越走越从容，与目标越来越近。

　　一面建立团队，另一面我当然也必须同步思考：什么方法可以让我快速强化自己的专业水平，做出正确的判断和决定？

　　这段过程中，我归纳出三个原则。首先，先去寻找产业中已经出现的成功案例；然后试着归纳通则；最后，要化繁为简，复制成功经验。

　　经营奥图码对我最大的挑战，是去建立一个对"个人消费者"说话的品牌，所以，我先锁定3C产品的知名品牌，像HP、DELL、Acer……着手阅读这几家企业的故事和相关书籍。对我来说，"读书"还是最简单的学习方法，当然，这指的是用心读,而不是阅读小说般的翻阅。

除了看实战经验和案例,我还看各种品牌、营销管理的书籍。一边看,一边慢慢找出这些品牌之所以成功的几个共通点:有值得信赖的产品、有效率的渠道、有强而有力的营销及长期品牌策略。

再用这几点来检查奥图码,我们缺什么?奥图码的母公司——中强光电有丰富的代工经验,也是国际知名品牌的制造伙伴,在产品制造上,我们有先天优势,所以,我只要专注做好后面两块:渠道和品牌。

这两块其实就是奥图码当年的核心难题:产品渠道不够广,销售量太小。

◎打破失败循环,专注在方法

我接手奥图码(亚洲区)总经理时,奥图码平均一个月在全亚洲市场、一共20多个国家和地区中,只卖出100台左右的投影机,这销量简直少得离谱。

面对困难,大家很容易把注意力放在失败原因上,因为这样、因为那样……所以我们做不到;但我认为,我们就是要打破失败循环,不是吗?因此我更重视:现在到底要做对哪一件事才会成功?

我立刻有个想法：想要做大，唯有快速长大，奥图码才不会阵亡。所以我第一年就定下"333成长目标"：连续3年业绩成长3倍。如果从每年1000多台销量成长到4000多台，公司就能站稳脚跟，脱离生存危机了。

但成长速度远高过于市场现状，这需要突破团队心理防线，要帮助大家建立信心，否则所有人都只会认为是空想，不可能。我的做法是：确定目标后，下一步立刻列出方法，展开行动。

◎ 挑最擅长的事开始改善

我的想法很直接：就先挑自己最擅长的"销售工作"开始改善。这是经过分析后得出的结论：品牌是复杂的"营销"加上"销售"。营销对我而言十分陌生，如果要在短期内让营收出现起色，先运用核心的业务工作技能，我最有把握。

所以，从销售管理的角度，我很快就发现，至少80%代理商都形同虚设，否则一大帮人怎么一个月只卖出100多台？既然目前的代理商表现很差，那我第一步就先从改革渠道做起。

我观察到其他同行对渠道的管理模式各有不同。DELL是直销，Acer或HP则走经销商体系。我也参考奥图码当时在各个市场的做法，美国偏代理，欧洲则偏经销商制度。这样看，渠道配置或许有通则，但未必有放诸四海皆准的定律。是走经销还是代理，就得看怎么做才能创造最大价值，还有能不能找到对的人来执行。

◎面对海外市场：别把自己做小了

至于先从哪里开始调整呢？我用了个反向操作的思路：先瞄准海外市场。

奥图码在韩国、马来西亚、泰国等海外市场都没有设销售办事处，所以总代理商的角色很重要。我既然要业绩快速攀升，最有效的途径，就是在这些区域赶快扶植起强大的代理商，让海外市场先"动"起来。

于是，我再次出奇招。我请同事研究 20 个海外市场中目前名列 Top 5 的投影机代理商，汇整出名单后，广发邀请函，请他们来台湾参观奥图码的公司和中强光电工厂。只要对方愿意来，只需要自行负担机票，其他花费都由我们这里负责。我自认，从做生意的角度，只要我把邀请函以及随函附上的公司简报做得有吸引力，这些代理商来参观的意愿就会很强烈。

决定做这件事的时候，团队中曾经出现过不同的声音。有同事说，我们的产品不够强、营销资源又不够，用各种理由试图说服我：这些代理商们根本不会来。但是我一直认为：没试过，怎么知道结果？更何况，我们并不差，我们背后有全世界最大的投影机代工工厂支持，问题只是在于我们如何宣传自家品牌，只要人来了，我就有办法让他改观。

中间有很多细节，我都仔细思考过。比如说，为什么只选 Top 5？因为这些一级的大型代理商都会同时销售 Sony、Epson 等跨国公司大品牌的产品，我希望营造出"他们卖 Sony，也卖奥图码"，营造奥图码跟这些品牌"并驾齐驱"的权威感。要是弱势品牌搭配的又是二流代理商，岂不像"天残配地缺"，更难扭转局面？

其次，我请对方负担机票成本，不是我们出不起，而是这样做，对方才会认真看待此行，不会纯粹只当作到台湾吃喝玩乐来了。

果然，发出 30 多张邀请函后，每个市场或多或少都有一两家代理商回复。更让我得意的是，最后有 6 个国家的代理商来到台湾，这些代理商回国后，全部变成我们的代理商，等于成功率百分之百。

过去奥图码给他们的印象，是一个既陌生又没有感觉的品牌；但一趟台湾之行下来，他们真实看到我们详细的经营规划，以及认真、投入的团队。我相信这大大提升了他们对产品的认同感。就在海外市场各地同步成长下，业绩短期内果真以倍数提升，一个月就卖出了500台投影机，我交出了第一个阶段的成绩单。

◎面对台湾市场：没做过的事，不代表不能做

销售数字开始攀升后，我的决策通过第一波考验，士气大振，也有了更多余力回头来面对台湾市场的挑战。

和海外市场不同的是，当年，我在台湾主导了一场"渠道革命"。

当公司总部就在台北时，到底台湾市场还需不需要代理商制度？过去，公司把品牌营销和代理销售看作是两大块业务，品牌营销看起来比较厉害，应该自己做，代理销售就交给别人。但我忍不住要问："为什么不自己做？"既然代理商做销售可以赚钱，我们自己来为什么不能？如果把公司定位成品牌公司加上代理商，两种角色垂直整合成一体，管理上不是更有效率吗？

当然，我也很清楚，直接拿掉代理商这一层渠道，从头经营经销商是一件很冒险的事。当时每个月卖出的100多台投影机，几乎都集中在台湾市场。万一拿掉代理商后，自己又做不起来，业绩等于立刻归零。不过，就在我和当时负责的台湾代

理商面谈过后,反而更加确认了我要自己做代理的决定。

可能因为同时代理多家品牌,见面时,对方态度表现得有点不在乎,我看不出他们对奥图码有任何特别的想法。反观我们自己,既然上上下下都抱着破釜沉舟的决心,凭什么代理商能做到的事,我们做不到?

因此谈完后,我很快就和代理商摊牌:"过去可以让你做奥图码的独家代理,但从下个月开始,我还是欢迎你继续卖,只是无法再提供你独家的角色。"对方一听,认为独家代理权被剥夺,愤而不再销售我们的产品,我也很明确地决定拆伙,结束合作。

乍看之下,这个"分手"决定胆子很大,不但推翻过去的做法,而且冒着眼前上百台订单立刻失去的风险。如果之前我没有先打出海外市场,海外市场又在高速成长,恐怕连单位同事都未必会支持我,我也无法完全不令人产生"行业新手,决策是否太过莽撞"的疑虑。

但是善用长期积累的核心能力,先有所积累,不仅降低经营运风险,自然也连带减小之后我要进行改变时可能出现的阻力。先做出成绩,再带领变革,用数字来争取时间跟空间,这也是我提供给专业人士当面对一个前所未有的局面,又希望施展抱负、有所做为时,作为过来人的深刻体会。

★ 面对问题的三个正确态度

1. 化繁为简，先找出问题的核心

接手奥图码时，我很快就发现各种经营难题的核心，最后都归结到一点："产品卖不好"，这一定要先解决。

2. 追根究底，正面去寻找最有效率的解决方法

以当时为例，我们的产品要卖得够多，才能摆脱恶性循环，所以我分析，只要和海外每个地区的一流代理商合作，就能卖出一定的量，而且马上大幅度超越现状。所谓"没有一流代理商想和我们合作"的说法只是借口，当别人看不起我们，我们更要做到，有这种自信，才会改变别人的观感。

3. 做好备案，勇于承担

虽然在台湾取消代理商是个有风险的决策，但是我事先已经想好备案。我有个"抓鸡生蛋"的理论："海外的鸡，下台湾的蛋"，先创造海外盈余，至少在财务报表上，能对老板交代，我就可以借着"局部优势"争取时间，在台湾深耕市场，慢慢建立"全面优势"。

第 12 章 准备永远都不够：把牛当成马骑

> 不要奢求老天会让你好整以暇地迎接各种"意外"，反而要相信：只要永远能正面思考和积极找方法，愿意把牛当成马骑，就没有渡不过的难关。

有句话是这样说的："机会只给准备好的人。"确实，没有准备好，机会来了也抓不住。不过，真实人生中常常上演的另一种情形——准备永远都不够，每天都有全新的挑战，根本不可能有所谓百分之百"ready"的一天。这时候，你就要学会"把牛当马骑"，一分资源当十分来用，别让各种现实条件阻碍了向前迈进的步伐。

开始接手奥图码（亚洲区）时，面对一年全亚洲只卖出100多台投影机的惨状，让我在大家眼中，像是接到一个烂摊子。不过，对我来说，换个角度看，再怎么做也不会更差，只要多努力一点，反而就有进步的机会。所以我在奥图码第一年，做了很多准备和学习，希望让奥图码（亚洲区）从"留级生"变成"及格生"。只是，越做下去，我越发现，不管再怎么准备，顶多只能克服七八成难题，永远有两三成的考验在"意料之外"。如何对付这些"意外"，反而是我学到的另一项功课。

让我印象最深的第一个意外，是对手突如其来的强力封锁。

◎ 目标不容妥协，方法可以改变

市场竞争是动态的，我们单方面做努力、调整经营步伐时，对手同样在虎视眈眈，准备采取反击。敌众我寡的局面下，对手步步紧逼中，我们要如何判断与回应？全是教科书上没教过的。

我大胆决定取消台湾市场代理商，进行渠道扁平化改造之后，按部就班去重整渠道。

一开始，我在内部组成一支任务团队，针对经销商进行地毯式的拜访。尽管我始终相信"勤能补拙"，但3个月一晃就过去了，拓展版图的速度却意外缓慢，愿意跟我们合作的经销商少之又少。

最初，我以为是自己还不够努力，不过，随着来自经销商的反馈消息慢慢回来，真正的原因终于揭晓：原来，针对奥图码突围，市场上的日系领导品牌私底下大规模要求经销商不准销售我们的产品。换句话说，奥图码正面临竞争对手的严厉"封锁"。

全体业务同事听到这个消息，每个人立刻都很生气，但是又想不出方法。我知道这道难关不容易过，冲击当然有，但是并没有乱了阵脚。当时，我只是先帮自己泡了一壶茶，走进办公室静下心思考。

一开始，我觉得这是当初挖角谢明远的"报应"：我用了竞争对手的人马，难免让对方不悦；但仔细思考，从商业竞争的角度，对手采取全面封锁，是非常正确的策略。如果我是他们，既然预见奥图码会带来威胁，当然要趁小品牌还没壮大前，一口气把它踩扁。多年后，我曾在另一个场合中听到这家品牌形容我们是"恐怖的对手"，当初他们为什么会实行这样的做法，也就可想而知了。

尽管情况突如其来，多少令人措手不及，但我常分享给同事一句话："目标不容妥协，方法可以改变。"尤其是对一个刚成立、脚步还没站稳的团队来说，如果动辄对目标妥协，轻易决定放弃，接下来的命运就等于是阵亡。

我开始认真想，用什么方法可以突出重围？书上教过我们所谓"80/20法则"：80%的收入来自20%的顾客，所以一般来说，稳固主要顾客群体，是企业的制胜之道。

但从我们当时的情形来看，在对手的咄咄紧逼下，我们想在一流的经销商体系中卡位，根本办不到。我很喜欢阅读《孙子兵法》，想起书中提及一个概念：如果敌人实力比你强，就要分散他的整体优势，先取得"局部优势"。

因此，我开始要求业务团队全面反思，在拜访客户的过程中，筛选出哪些第二、第三级的经销商是竞争对手没有"照顾"好的，已有"松动"迹象的？从这些"缝隙"中，我们可以多提供哪些好处，让他们愿意和我们合作？

渠道层级减少后，我们可以给经销商更高的销售奖金，不管售后服务还是调货、出货，都提供更高的弹性配合。慢慢的，开始有一家、两家经销商愿意靠拢，甚至有经销商老板让老板娘干脆另成立一家"新公司"，来做我们的生意，从而避开领导厂商的追击。于是从起初全无进展，逐渐有了"单点击破"。

跳过战况最激烈的大城市，先耕耘外围的卫星城镇，"农村包围城市"的逆向操作，也让我们开始在二级市场有了斩获。

◎没钱买广告，我就上电视

一方面要应付对手出招，思考对策；另一方面，我很快地发现，奥图码品牌知名度严重不足，又是另一道难过的"天险"。

商用投影机的消费者大多数是学校或公司企业，由采购人员使用单位预算购买。当"购买决策者"并不等于实际"产品拥有者"时，采购过程中就会多了很多其他考虑。举例来说，我们的规格和价格明明比别的品牌好，但承办采购的人员还是不愿意购买，为什么？因为他们跟先前合作的品牌已经建立长期关系，与对方的业务员有交情；另个，一旦变更采购项目，万一出岔头，谁能负责？尤其是后面这一项，当奥图码这三个字对一般人熟悉度不高，信任感又不够强的时候，根本不可能要企业采购员愿意为一个陌生品牌承担责任。

缺乏知名度的天生缺陷，让我们就算解决了经销商的问题，仍然迟迟打不进教育界和商用客户群。

怎么样让新品牌快速"成名"？书上会教你"做广告"，但现实是，我们完全花不起钱在主流媒体大打广告，要在"无解"下"求解"，只得另找发力点。当时，我们做了一个大胆假设：不管是学校老师还是公司采购员，下了班后，都回归成普通的消费者。只要我们能在个人消费市场做起来，让越来越多的人听过奥图码，这未尝不是另一种办法，能反过来改变他们的观感，再回头影响工作上的采购决策。

于是，我们抓住任何可以曝光的机会。奥图码是第一家上电视购物频道卖投影机的公司，因为投影机不像家电、珠宝这些产品需求量大，很自然地被电视台排到深夜十一点到十二点的冷门时段；但我们毫不在意，既然打不起电视广告，我们就把深夜时段当作一级节目做。我们不但主动提点子、贡献想法，更是百分之百地配合节目需求，我记得当时有同事甚至穿着古装上电视推销投影机，创下电视台的先例。

像灿坤门市或者是网络渠道等跟消费者接触的"最后一米"，也是我们集中营销资源的重点。可靠、好用、价格又公道的民族新品牌，就是我们想传递给消费者的印象。

只要产品真的具备吸引力，让一般人动心并不难。所以当我们运用这些方法慢慢耕耘时，通过电视购物频道、网站创造的销售量开始很快成长。这样逐步打底、慢慢渗透，半年后，我们终于在B2B领域中有了起色，品牌知名度逐渐扩大。

不过，要说真正成为教育界和商用市场上的领先品牌，事实上，整整花了5年多时间，直到2010年，才算达成目标。虽然过程相当漫长，但坚持大方向、做对的事，终于让我们最后还是成功超越了这道"天险"。

◎正面思考，牛也可以变成马

准备重不重要？很重要。但是像这两道难题，几乎是我当初想都没想过会出现的阻碍，所以也根本没办法预先准备或者进行防范。

不管是书上写过的，还是前人讲过的，大多是原则，但关于人性衍生出的种种，例如对手不惜以全面封锁反击、又或是采购人员说 No 背后真正的症结，都是实战中才会碰到的关卡。这些意外难免带来挫折，特别是在第一线冲锋陷阵的业务部门同事，他们的挫败感可想而知。当初提出这些应对策略时，到底是不是最佳的解决方法？我自己也没有全部把握；但身为领导者，我知道必须扮演好精神支柱的角色，持续前进，并和团队一起面对，尽最大的力量找出方法脱困。

再次强调，准备永远都不够。所以，不要奢求老天会让你好整以暇地迎接各种"意外"，只要永远能够正面思考和积极找方法，愿意把牛当成马来骑，就没有渡不过的难关。

★ 碰上措手不及的"意外",你可以这样做

1. 一定要保持正面思考

一旦放弃,就连一点点扭转结果的可能都没有了。

2. 积极找方法

碰上问题,我的态度永远是:抱怨、气愤都没有用,只有专心想怎么帮客户找解决方案。这里的"客户"也包括下属、合作伙伴,如果他们遇到瓶颈,是因为碰上了什么困难?我能怎样帮助他们一起解决?

3. 扩张"小优势"的影响力

不管是经营公司或者是面对个人挫折,没办法取得全面优势前,就先创造局部优势,再扩张这些"小成功"。尽管我们在教育界和商用这类的 B2B 市场受挫,但在个人消费市场中,我们在两年内就拿到市场第一,除了能带给同事激励作用,这样的局部优势,后来也协助了 B2B 市场的开发。

第13章　把1块钱当成4块钱来花

工作中，我们常常必须在限制中做事，很多人因此抱怨现状，觉得有志难伸。可是换个角度想，你可能有很多潜在的长处，只要好好发挥，每一项都可能成为改变的支点，产生无穷的力量。

个人的准备固然永远都不够，但要是把"个人"换成"公司"，其实也很适用。草创期的公司，资源永远都不够。就算想做事，也拟出计划，张开眼睛就是柴米油盐酱醋茶的考验时，这条路该怎么走？

奥图码的竞争对手全是品牌巨人，"做品牌"三个字说起来容易，背后却意味着庞大的投资。以我们的规模，根本无法承担，也难以跟对手比较。所以，当时我心中只有一个强烈的想法："要把每1块钱都当成4块钱来花。"

1块钱怎么变成4块钱？我的理论是：只要方向正确，做得又比别人好，就能创造双倍的效果。假设竞争对手做的事不见得每件都有效，平均而言只产生一半的效益，我们又能维持

2倍的高效率运作，就有机会以4倍的速度来追平差距。

不过，到底该做哪些事，才能创造出双倍效益？接下来，这就成了让我冥思苦想的难题。

花钱真的是做品牌的唯一办法吗？我想起大学时代，有家航空公司推出"一元机票"活动，看起来似乎入不敷出，一定亏钱，后来却因为跌破所有人眼镜，成为极大的新闻。之后有人计算过，要是把这家航空公司登上媒体的版面跟时段全部换算成广告价格，远远超过它当时必须投入的活动成本。"同样要创造品牌曝光机会，广告要钱，但被报道不用钱"，我的脑海中突然冒出这样的想法。如果我们做不起广告，是不是可以在营销方式上推陈出新，让自己成为媒体愿意报道的对象？

2004年，接手奥图码第二年的年中记者会上，我"一踢成名"。这是奥图码受到媒体注意的起点，背后正是出于这样的思维。

◎ 做事认真，就会感动对方

我永远记得在奥图码办的第一场记者会，那是个非常惨痛的经验。当天我们订了间可以容纳15~20人的饭店包厢，摆满餐点，但整个下午没有几个人来。结束时，我还得强颜欢笑对同事们说："你们一个人带三份点心回去。"一边吃，一边咀嚼的全是辛酸滋味。

事后分析失败原因，我们在业界既称不上是个"腕儿"，又跟媒体没有渊源，当然没有记者来。另外，也怪我有点牛脾气，不肯找公关公司帮忙。事前，同事曾找公关公司报价，但他们要收承办费，却无法保证曝光效果，对我们这样需要锱铢必较的小公司，实在觉得划不来。我觉得还不如自己办，至少还能从中学会怎么办活动。结果却证明，自己"瞎办"，更糟糕。

面对第一次的难堪收尾，第二年又要办产品记者会时，我不得不认真思考：如何改变这种窘境？

公司里很多人都知道我大学时练过跆拳道，当时有个新进的营销同事灵光一闪，建议我不如在记者会上表演，把竞争对手的名字写在木板上，当场踢破，象征我们勇往直前的决心。至于怎么踢？为了以防万一，我不必踢真正的木板，可以用保丽龙做成的道具取代，照样能"演出"踢破木板的画面。

我当下听来，也觉得不错，至少是表演正规的跆拳道，不是奇奇怪怪的动作。只是，既然选择这么做，对我这个拿到过跆拳道黑带的人来说，实在做不到只是装装样子。就算当时说，已经长达10年没再练过，我还是觉得应该"玩真的"。

我一直有个简单的信念："做事认真，就会感动对方。"

办记者会的目的,是希望让记者认识到我们是一家规模虽小,做事却十分认真的公司。要是我只踢保丽龙板作秀,记者怎么会觉得我"认真"?如果我不能感动记者,记者又怎会写出感动读者的报道?

于是,那天下班后,我特地去买了一箱木板练习,记者会上以真材实料上阵。果然,后来有记者当场要求检验是不是"真的",也因为我的"真枪实弹",让记者觉得这家公司的总经理很拼,很有创意。记者会结束后,一连有了好几篇关于奥图码的正面报导,我也开始接到来自媒体的采访邀约。

就这样,奥图码终于有了自己的声音。

◎全心投入,可以弥补经验不足

这次尝试让我们找到一条不同的路。接下来另一场"举重记者会",则不但带给我深刻的记忆,更让我对管理跟人生都多了一些启发。

在跆拳道的点子初试成功后,我们很快地又再次碰到新产品上市。内部讨论还有什么好方法可以抓住媒体眼球时,我自己想到,不妨用两个大小差异很大的哑铃,小哑铃代表业界规格,大哑铃标示奥图码产品的新规格,在记者会上轻松举起小哑铃之后,再用力举起大哑铃,突显奥图码在技术上的成就与突破。

同事们一听到我的提议，又出现上次的建议："Telly，你用保丽龙来当哑铃就好了，免得发生意外或受伤。"但我还是一样坚持，要做，就来真的。

记者会前几天，下属先找来50千克重的哑铃，让我在办公室试举。练习时，我举起时还能停住几秒，所以我心里一直认为：应该没问题。

没想到实际执行时，问题可大了，因为我忽略了两个关键的细节。第一次用力举起大哑铃时，摄影记者通通冲到我面前拍照，我兴奋地直想："成功了！成功了！"却完全忘记拍照需要的时间，可不是练习时的几秒钟而已。眼看着手臂因承受不住开始发抖，摄影大哥们却还在不断喊着："郭总看上面！""郭总看下面！""郭总微笑！"再怎么勉强，我都得咬牙硬撑下去，好不容易才让大家终于拍完，我暗暗松了一口气，准备上台做简报。

过关了吗？还没有！第二个让我吃惊的意外紧接着出现：我忽略了不是所有记者都会准时入席。简报完后，陆续有记者一一到来，先到的记者纷纷提醒："你来晚了，刚刚郭总举重的画面好精彩啊！"我不得不配合"精彩画面重演"。就这样，那天的记者会，我前前后后一共举了三次大哑铃，举到隔天我去韩国出差时，在飞机上想拿杯水喝，手都会抖，得双手一起捧住杯子才喝得到。

尽管辛苦，但这次活动的爆发力确实超出了我的想象。就在我们记者会前几天，竞争对手刚办完一场斥资上百万新台币的产品发布会，但之后只出现了几篇媒体报道。相比之下，我们花的场地和餐点费不到五万元新台币，我举哑铃的效应却整整延伸了半个多月。

为什么说这次经验带给我一些额外的启发？很多事情因为没做过，总有错估形势的可能，就像我算错了拍照和记者的报到时间，当下吃足苦头。可是，只要诚心诚意、全心投入，这些不足不仅可以弥补，而且一样可以有好结果。

◎拿出潜在优势当火苗

这些年一路走来，大胆尝试各种造型，在记者会上挑战自己，慢慢已经成为我的某种"标志"，有些记者甚至形容我是"百变总经理"。不过，对我来说，大众眼前的这些"演出"，其实颇为违反我的本性。说实话，即使我从小学三年级开始，就在班上演讲，但我喜欢的是"讲话"，一点都不是"演戏"。

虽然不是从心底里喜欢，然而，面对公司的条件、资源不够雄厚时，我是不是能把个人的特长也当作一种火苗，点燃公司成长的动力？就像我从来没想到年轻时学的跆拳道，找第一份工作时还被面试官取笑说："你是来应征苦力吗？"却在15年后，我必须独当一面经营公司时，竟变身为某种"优势"，成为品牌和个人形象的包装工具。

工作中，我们常常必须在限制中做事，很多人因此抱怨现状，觉得有志难伸。可是换个角度想，你可能有很多隐藏的长处，只要好好发挥，每一项都可能跳出来，成为改变的支点，产生无穷的力量。给自己更开阔的心胸跟弹性，强迫自己做一些过去没做过的事，说不定这也是个好机会，可以重新认识自己，发现自己过去忽视的天赋。

在你感叹高不成低不就之际，是不是太着重在限制本身，却忽略了某些潜力而不自觉？只要愿意放下包袱，去想象和突破，就可能产生完全不一样的自己。当初我"1块钱当4块钱花"，本来是为了扭转经营局限，后来却让我多出一种"发挥所学"的方式，这何尝不是另一种惊喜！

★ 面对资源不足,你可以这样想

1. 1 块钱当 4 块钱来花

既然资源不够,更要去思考小成本如何创造大产出,彻底避免浪费。

2. 在做事的过程中,不是去比谁花最多的钱,而是谁更有诚意,能创造最多的感动

做事秉持的态度,比秀出的"花招"更重要,这才真正会决定成果。

3. 反思自己,找出全身上下潜在的长处,作为改变的火苗

相信自己有改变公司的可能,只要愿意大胆想象和突破自我,从一个小点出发,说不定就此点燃成长的动力。

第14章　舞台越大，越要敢破、敢立

领导者就是要快速学习、积累成绩，找出自己的成功之道。如果带领下属时，他没有办法讲出一套自己的方法，也没办法按照你的方式去执行，就要采取行动，主动调整，这才是主管该有的魄力。

工作上，我们当然永远追求更大的舞台，但是越向前冲，一旦舞台真的越来越辽阔，超乎想象的考验也就越来越多。横在眼前的挑战，从追求一次领先，变成必须连续得胜，很难，但这也是作为一个经理人蜕变过程中所必经的。

随着奥图码逐步成长，接下来我们的课题是：如何把在台湾市场的成功扩展到其他海外市场。这当中，韩国和中国大陆市场的经验最令我印象深刻，因为在韩国和中国大陆市场打出成绩，也让奥图码跟着进入全新的阶段。

◎ 韩国市场：全力"搏感情"

韩国是亚洲第三大投影机市场，仅次于中国大陆和日本。

第 14 章 | 舞台越大,越要敢破、敢立

从战略上来说,它当然是非常重要的区域,但我们在韩国耕耘的过程,用"山重水复疑无路,柳暗花明又一村"来形容,却最贴切不过。

2003 年,我们首度到韩国尝试开展业务,没想到"天时、地利、人和"全都不占。

先说"天时",那一年亚洲爆发 SARS 疫情,台湾地区属于疫区,韩国不是,这让我们每次去韩国拜访客户时,就算对方嘴上不说,也看得出他们心里"毛毛的"。

再说"地利"。韩国离日本近,投影机市场几乎清一色都由日本品牌占据,加上亚洲四小龙中,台湾和韩国最常被拿来比较,互相竞争,台湾产品在韩国市场中总是被视为二等品牌。

至于"人和",我们更是缺乏。第一年,我们走访韩国渠道商时,有实力的一级渠道商早已和日本品牌长期合作,无法和我们往来;有兴趣找我们的都属于二级代理商,实力和资源有限。在得不到一级代理商青睐、又对二级代理商难以完全放心的情况下,我们决定先谨慎地只找 4 家二级代理商合作,希望降低经营风险。

只是,一年后,这样的初步尝试并没有带来预期成绩。尽管手上筹码不多,我并没有放弃。再一次,我问自己和团队:

有没有其他的办法？

既然 nothing to lose（一无所有），进攻韩国市场的第二年，我们索性大胆地接触原为日本品牌三菱（Mitsubishi）的代理商——Woomi Tech，主动邀请这家一级代理商来台湾参观母公司工厂，同时，也答应对方，我将亲自上阵做简报。好不容易接触了半年，对方终于点头，愿意来台碰面，果然，这个契机彻底扭转了先前的局面。

当时，我一句韩语都不会说，只能先请同事把简报文件翻译成韩文。现场报告时，其实我完全看不懂简报画面上的文字，全靠事前反复演练，把内容记忆得滚瓜烂熟，配合韩国区主管的实时口译，尽全力把语言隔阂降到最低，传递我们的投入和雄心。

没想到这样的准备，竟让 Woomi Tech 的石社长听完后，非常感性地对我们说："我做了 20 多年生意，没看过像你和这位韩国区主管的热情，你们将来一定会成功。"他相当赏识我们的态度，当下就决定和奥图码合作，甚至不惜放弃代理 Mitsubishi。就因为石社长这席话，我们在韩国市场上找到切入点，一路冲锋陷阵，从 nobody 成长到市场 Top 3。

为了感念 Woomi Tech 伸手帮助的义气，我们在之后的合作过程中也很"义气"。后来，我们共同经历亚洲金融风暴，我曾主动提出补贴对方在库存与汇兑上的损失，但都被石社长断然拒绝。令人难以相信的是，至今，Woomi Tech 仍是我们唯一没有签订任何一纸合约的代理商，有趣的是，我们双方也从没开口要求对方签合约。但是我每年会飞去韩国和他们碰面两次，尽管我还是不会说韩文，他们也仍是不会说英文，但我们对彼此的信任却从未松动。谁能想到，如此坚实的合作基础是建立在当初对彼此做事态度的惺惺相惜上？

有时候，经营事业和人生相仿，都要看长不看短。从理性的角度分析，我们刚开始在韩国市场几乎是"山穷水尽"，但我们不半途而废，到头来，我们感动合作厂商的并不是奥图码这个品牌有多强大，而是我们团队的做事态度。所以，不管现实条件多差，用热情抓住每个机会去突破，就会出现意想不到的成果。

◎中国大陆市场：用魄力和信心建立团队

对韩国市场，我是对外找到既强大又可靠的专业团队，才获得成功；而在中国大陆市场的发展，则是借着对内重整队伍，才初尝胜利的滋味。

在我担任亚洲区总经理半年多后，中国大陆市场才慢慢并入我的版图，等于说，我这个"新手主管"必须融入当地原有的业务团队，彼此磨合于是成为回避不了的过程。

当时，中国大陆市场由一位中国大陆的同事负责管理，他出身家具产业。我知道后，直觉是不妥，对中国大陆这么大的市场，竟然用一位对 IT 产业完全没有经验的主管，这可行吗？我的质疑不是出于个人偏见，而是回到做事的重点：有没有清楚的策略和方法。据我观察，他"知其然但不知其所以然"，带头的主管不能只埋头苦干，必须要有完整的策略，并在过程中懂得进行调整才行。

虽然我隐约感到他的不足，但也无法果断到立刻换人，重建团队。毕竟，对方的年龄比我大很多，对中国大陆市场的掌握能力也比我高，就算我不认同他的策略，但因为我这方面的自信还不够，所以在初期，我只能抱着姑且一试的心态，希望双方找出好的共事模式。

但一两年过去后，我开始发现中国大陆市场的进展过于缓慢，奥图码在台湾市场上已经做到 Top 2，在中国大陆市场却仍是个无名小卒。两年后，我的"忍受"底线已到，才决定将大陆 10 多个人的业务团队整个撤换掉，当中还花上一年多，找寻合适的人选，等于前后一共用了 3 年，才在中国大陆正式完成人力布局。由于这段拖延，奥图码目前在中国大陆市场虽然总算进入前五名，但相较其他市场，进展仍显落后。

事后来看，我的体会是，身为领导者，必须更快地了解产业和市场，尽快把自己拉到更高境界，才能进行大刀阔斧的改革。我当时希望借由台湾和韩国市场的成功，从中建立信心后，再回过头重整中国大陆团队。但事实上，当下认为对的事情就要坚持去做，不应该浪费时间。

◎领导者须具备专业能力与信心

不论在韩国或中国大陆市场，从无到有的过程，都更加让我确信"专业"才是"连胜"的关键。在韩国，经过前一年摸索，向外找到专业的伙伴后，成绩才开始有起色；在中国大陆，经过3年失败，直到建立好的内部团队，才有不同的发展。等于说，什么时候能建立专业团队、拥有专业资源，才能开始积累成就。有了专业与信心，领导者才会敢破、敢立，也才能突围。

曾经，我也因为觉得自己专业能力不够，在管理时信心不足；但多年后的我，现在对此已有不同的想法。前些日子，公司有个新业务员因为业绩一直不好，被主管追问为什么不按照公司要求的方法跑客户。没想到那位同事竟然赌气回答："再给我3个月，如果业绩还是没有成长，我会主动辞职。"

我听到这件事，立刻对他说了重话："我在乎的是，你有没有用对方法，如果你并没有努力跑客户，那根本不用等 3 个月，你明天就可以不用来了。"我真正在意的不是他有没有达到业绩，而是执行的方法对不对。做事的态度跟方法不对，就算给他再多时间，最后结果也不会有什么不同。

现在，我的想法变得很简单：领导者就是要快速学习、积累成绩，找出自己的成功之道。如果带领下属时，他没有办法讲出一套自己的方法、也没办法按照你的方式去执行，就要采取行动，主动调整，这才是主管该有的魄力。这也是我从进攻海外市场的历练中，得到的最珍贵的心得。

★舞台扩大时，怎么思考"连胜"？

1. 经营事业可以看长一点

工作是一场马拉松比赛，就算手边资源暂时不够，还是要持续投入个人的努力和热情，然后你会发现：永远会有意想不到的结果。

2. 快速建立专业能力和自信，才有魄力进行改革

"专业"不够，会让你信心不足，只有自己快速成长到下一个阶段，你才敢大胆进行改变。

3. 做事的态度和方法，是评判部属是否堪当大任的重点

如果他具备好的态度和明确的策略，即使面临一时的瓶颈，不妨给他时间及协助，帮他一起走过，事后他会成长更多。如果这两项他都没有，那就可以提前思考换人来做。

第 15 章　从球员变教练

当眼前任务超过我这个明星球员可以负荷的程度时，就是让我认知从球员变为教练的开始。在奥图码担任领导者这段期间对我最大的影响是：学习去欣赏每个人的不同长处。

职场前半段，我们学的是如何单打独斗；但步入下半段，开始带队作战，"教练"的角色愈来愈重，无论是心态或者能力，都绝对需要重新学习。回头看，尽管我在飞利浦（台湾）工作时已经当上主管，但来到奥图码后的历练，才让我真正体会到什么是"当好教练"的精髓。

关于领导，我自己曾归纳出两句话："狮师羊群，羊亦狮；羊师狮群，狮亦羊。"一个团队表现如何，要看领导人是谁。领导人强，团队就强；领导人弱，团队就弱。这样说有点自负，但飞利浦（台湾）时代的我，曾在公司中被视为 top potential leader，称得上是成绩出色的"明星球员"，加上带的人数实际上并不多，整个部门加上我才 8 个人，种种因素都让我的个人特点很容易发挥，就算下属有时候表现不够理想，我这只"狮子"跳下去支援都还来得及。

但这样的自信,在来到奥图码之后碰到挑战。因为任务复杂度增加,让我明显感受到无法只靠一己之力,必须仰赖大家支持才行。经过最初 9 个月观察,当我发现整体表现仍是不如预期时,更让我深深意识到不能只靠我自己会"打球",必须加紧成为"教练",教会更多同事,才能达到目标,足够有能力跟竞争品牌相抗衡。

从明星球员到教练,有几道坎儿需要突破和转变,我自己把这段历程分为两个阶段。

◎第一阶段:海纳百川,有容乃大

刚来奥图码初期,为了让同事的长处能有所发挥,我很快就先建立一种管理风格:由我来扮演"容纳者",鼓励大家充分发表意见,再结合所有人的声音,达成共识,一起执行。在打仗初期,未知数太多,很难一开始就确定谁的看法最正确,唯有创造一个开放平台,才能鼓励彼此对话。

记得当时讨论该如何建立台湾的市场渠道时,我想拿掉代理商这一层,自己跳下来直接管理上百家经销商,这样做,当然人事要扩充,成本相对提高。所以,曾有集团内其他高级主管对我提出质疑:"台湾市场那么小,需要 8 个业务人员管理销售渠道吗？会不会太多？"但另一边，我的下属谢明远却对我说："用8个业务员管经销商还不够。"事实上，我认同谢明远的看法，因此考虑过后，并没有因其他高级主管有异议而改变做法，仍然让谢明远全力冲刺。现在，我们能把台湾市场做好，背后靠的就是这个团队，目前整个团队已经扩充到超过30个人。

这是我在奥图码第一阶段对管理的诠释：我希望做到海纳百川，不分职位、资历都能充分表达意见，才能产生好的策略。我认为对的看法，也全力相挺，不因"官大学问大"，碰到上面的压力就轻易转向。如今，我在海峡两岸的几间办公室中都放着一个刻有"有容乃大"四个字的茶杯，目的就是时时提醒自己：不要忘了这个宗旨。

◎第二阶段：往后退，学习当"如来佛"

当成绩慢慢做出来、我对业务工作越来越上手后，奥图码进入第二个发展阶段，我也开始转换自己的角色，扮演起团队中的"指挥者"。

对一个领导者的评价不只是来自个人，更多是源于整个团队，所以我必须让每位同事都变得很强，让每个成员都有练习、表现以及犯错跟成长的机会，如果不让他们走完这个循环，我们的团队就永远长不大。

尽管如此，对明星球员出身的领导者而言，强迫自己往后站，离开第一线，这一步其实很难。我们总会觉得自己跳下来做，一定最快、最有效率。只是，我记得大学教授曾仕强在他的"中国式管理"这门课中说过，主管一定要学会当个"如来佛"，如果成了孙悟空，十八般武艺样样都会，你的下属最终只会成为捣乱的猪八戒。

曾教授这段话的意思是，当下属需要主管的支持时，你必须及时出现；当下属需要练习时，你就要给他挥洒的空间。两者拿捏很不容易，我承认，直到现在我都还在练习，但既然已认知它的必要性，我秉持的原则就是：只要不死人，成本可以负担。我们可以放手让下属试试看。

有个例子可以为证。我们在印度最初是跟"二流"代理商合作，我不是很认同；但业务团队跟我有不同看法，他们认为这家二流代理商既然愿意上门，双方为什么不试试看？

虽然我和业务团队对代理商的想法不同，但我并没有立即要求下属马上更换代理商。我的目标是先在台湾地区、韩国市场打下基础后，再去中国大陆、印度市场发展。既然我们还在冲刺前面的战场，印度暂时还不是优先发展的区域，还有时间，就让下属去"实验"，这就是我说在"不会立即致死、成本可以负担"的前提下,不需要马上扼杀团队的主张。

不过,几年过去了,随着品牌逐渐茁壮,这家二流代理商还是没有跟上我们的脚步,于是就在两年前,我们决定散伙。对印度市场的经营,逐步走回我当初的方向,重新寻找一流的代理商与经销商来合作。

看起来像是走了回头路,但这样的磨合过程,反而让印度的业务团队与我更有默契,执行力更高。就在重新调整渠道后,2010年第三季度,我们拿下印度市场的第一名,尽管中间多花了3年时间,但另一项看不见的价值却是,团队的经验值提升了,最后的路径是大家共同认可的,我相信这会让大家在执行的时候,远比只是不得不遵从老板"一意孤行"的决策更有向心力。

◎最高境界:欣赏每一位团队成员的长处

当"容纳者"也好,或"指挥者"也罢,从中对我最大的影响是:我开始认识到每个人都有不同的长处。身为明星球员时的自己,容易只看到自己的强项,所以才敢说出"狮师羊群,羊亦狮"这句"不知天高地厚"的话。现在我学习到,我必须更尊重每个人对团队不同的贡献。

既然面对的团队成员包罗万象,每个人有各自的个性、特点，主管更应该像"水"一般，顺应他的专长来用他。《孙子兵法》中有一段提到："夫兵形象水……水因地而制流，兵因敌而制胜。"主管也应如此，面对不同的员工，要有不同的教导方式，例如碰到性急的下属，要想办法让他静心；碰到温驯的员工，要运用技巧为他点火。和员工保持平衡的互动，才能让员工的能力得到充分发挥。

学会用欣赏的角度来看下属，这种哲学其实很像我喜欢的一位音乐家——雅尼（Yanni）所拥有的特质。希腊出身的雅尼曾被誉为最伟大的新世纪音乐大师，在他的乐团里，每个成员都是顶尖的演奏家，在各自的领域里首屈一指。但雅尼最了不起的地方是，在演出时，每当他望向乐团中的每个成员，眼中总会流露出"粉丝"一般的神情。你可以由衷感受到，雅尼从心底欣赏乐团中每一个声音的呈现，透过他的双手，再将这所有声音做最完美的整合与诠释。

这样的精神，或许就是我在教练这条路上，最希望达到的境界。

★ 当教练最容易陷入的思考盲点

1. "一厢情愿",把团队和谐看得太重

很多主管因为害怕冲突,做出只顾及表面和谐,实际上却很一厢情愿的举动,这反而最可怕。我们应该去思考:经营团队是让全部同事过着一般的生活,还是让80%的人过上卓越的生活?我会选择后者。保持团队和谐可以,但前提是确认每个人的贡献都一样。事实上,每个人跑的速度本来就不一样,如果我对所有员工的奖赏都一样,就是保持和谐却落于一厢情愿。团队奖励制度不应该是齐头式平等,而应该有显著的差异。比如我们依照绩效发给额外红利,表现好的员工,每年可以多拿8个月的工资,但如果表现不理想,红利就是零。如果不想有更多付出,就不要期望有更多报酬,这个奖惩的游戏规则非常清楚。

2. 该换人时就要换

对表现不好的员工,不应该立刻放弃,一定要先给予教导;但如果给了方向,他还是不愿意做或者没有起色,我会考虑让他离开。

很多主管没办法做到毅然决然"换人",但如果员工始终状态不佳,从企业全局角度来看,我们为什么要让团队变成"人才垃圾场"?如果他自己觉得怀才不遇,我们是不是也该让他有良禽择木而栖的机会?"换人"的决断力有点像是考验主管本人是否已经"成人"的过程;但这也凸显出主管的高度,得让更多优秀的人进来,才能打造出成功团队。

第三篇
工作智慧

第 16 章　掌握时间，掌握全局

　　踏入职场后，除了要在工作上冲刺，还得学习扮演"多重角色"：一方面是父母的子女、别人的另一半，也可能已成为父母。这些角色之间的转换不见得会产生冲突，最大的考验就是：如何分配时间？

　　想在职场上表现杰出，往往意味着必须牺牲生活质量，甚至健康。然而，真是如此吗？作为新一代的工作者，我认为大可不必如此。在工作上奋力迈进的同时，其实我们也能做到生活快乐、平衡，这当中，时间管理就是第一堂入门课。

　　我不确定自己在时间管理上是不是做得最好，但打从我一开始工作，就非常注意时间的安排。为什么？记得刚踏入职场时，我就下定决心在 35 岁前当上高级主管，要达成这样的目标，我当时用了一个很笨的方式计算：如果我比别人多付出 50% 的努力，比如别人一天工作 8 小时，我一天投入 12 小时，我就有机会比别人更快速地升迁。不过，每个人一天都只有 24 小时，如果我想通过把工作占据的时间比例增加，来达成目标，就必须更注意时间的安排。

◎重新思考"时间的分配"

我这样说，倒并不是鼓励大家要超时工作。事实上，踏入职场后，我们的确不再只有单一的身份。一方面，要扮演父母的子女、别人的另一半，也可能自己已经成为别人的父母，每个人都有多重角色和事情要做。这些角色间的转换不见得会产生冲突，唯一的考验就是时间上的分配。

记得我曾一度在飞利浦（台湾）兼任三个部门的主管，一天真的至少花 12 个小时在工作上。我可以早上 9 点上班、晚上 10 点下班，也可以选择早上 7 点上班、晚上 8 点下班，哪一个方案对我来说最好？当时，我妻子常觉得要等我下班后一起吃饭很辛苦，为了兼顾工作与另一半的需求，我就选择每天早起上班。

现在，拜网络发达之赐，上下班的界线越来越模糊，我也能以更弹性的方法处理事情。只要在台湾，每天晚上我都会花时间为儿子阅读床边故事；但亲子时间结束之后，我就会回到房间里继续上网工作，让当天的进度能完整地告一段落。

不论怎么去分配工作、娱乐和生活所占的比例，我最不建议的就是牺牲睡眠。睡眠对一个人来说是最重要的休息方式。

就算我真的很忙,我还是会想办法一天睡满7个小时,如此才能保持头脑清醒和体力充沛。

时间管理要考虑两个方面:一个是分配,另一个就是运用。如何让每段时间都能发挥出最大效益?我有几个原则。

◎ 原则一:减少发呆的时间

这么多年来,我对时间管理有个基本态度:我没有"发呆"或"放空"的时间。理由可以回溯到我在职场第一阶段所养成的习惯。

我在飞利浦(台湾)工作时,在市场卖鱼的父亲仍未退休,甚至还从市场鱼贩跨足成为婚宴请客外烩的鱼货供应者。父亲的生意版图变大,连带每逢节假日或"黄道吉日"时,生意都会特别好,这使得我和弟弟必须在周末时返回台中帮忙,直到星期日晚上,再坐火车慢慢晃回台北。

听起来台北、台中两地跑,实在很累又花时间,但是往返的旅途中,却是我当时重要的学习时刻。很多人在通勤时会选择补觉、阅读娱乐八卦杂志来打发时间;但我在那时就养成习惯:在火车上听有声书。大学时的教授曾仕强正好出过一系列关于中国哲学的有声书,这让我很早就踏入有声书的世界,既然我得在火车上至少花6个小时通勤,不如利用空当,通过听有声书做另一种"阅读",减少"无所事事"的时间。

很多人抱怨上班后难以有空继续进修,但通过通勤的零碎时间学习,是我常用的方法。直到现在,我连坐飞机往来各地出差,还是保持在机上阅读的习惯,从时间管理的角度来看,就是要让"没事做的时间"仍能充分发挥出效果。

◎原则二:选择最有效率的方式来达成目的

除了不让自己的一分一秒白白浪费之外,不管做什么事,我也尽量选择最有效率的方式来达成目标。

拿运动来说,很多高级经理人习惯打高尔夫球,我也打过一阵子,但仔细想想,往返球场、加上中间等待的时间,打一场球至少要花上大半天,实在太耗时。所以,后来我改成每天花不到 20 分钟在自家附近的公园慢跑 3000 米,如果一个星期跑上 7 天,一周只会在运动上花两个小时。和打高尔夫球相比,"慢跑"既能达到健身的目的,也不用花太高的时间成本。

也许有人会问,打高尔夫球除了健身,也是一种社交活动啊?没错,我无意否定高尔夫球的社交价值,只是如果单以运动考虑,可以有更"省时"的做法。

◎ 原则三：掌握 deadline（截止日期），掌控全局

不管是工作，或工作之外的演讲、专栏写作，很多朋友总爱问我，你事情这么多，怎么看起来永远一副游刃有余的表情。难道，我从来没有被"时间"追得喘不过气来过？

当然有。年轻时的一段往事，对我影响很大，只是我很少谈起。高中毕业后，因为第一次考大学成绩不理想，我进入补习班花了一年，准备重考。高中时期的自己，是每天"被时间压着跑"的典型，日复一日追赶考试、作业的缴交期限。不仅感觉欠佳，实际上的课业表现，自然也差强人意。这段学生时期的挫折，让我日后深自惕厉：千万不要再被事情追赶，要学习掌控全局。

如果把每件事都推到"最后一刻"来做，我们每天做的会是"紧急"、却"不重要"的事。像我现在，同一时间为中国大陆和台湾地区的 6 家媒体撰写专栏，即使这么多家我也一定提前交稿，绝不等到对方来催。万一碰到"出差周"，我甚至会请秘书帮我把写专栏的行程提早到前一个星期完成，如此除了可以从容出差，自己没有心理负担，也免除别人担心开天窗的困扰。何乐而不为？

之所以这么严格要求自己是因为，在职场工作 20 多年下来，我越发发现事情永远做不完，我宁愿在该做的时候就去完

成，一次应该完成的事不要分成两次。否则，积累到最后一刻，事情不会减少，反倒得付出更多的代价去执行。

◎善用短期的休息时间

因为掌握住以上原则，让我大部分人生都能做好时间管理。就算真的暂时感到劳累，一段睡眠加上适度运动后，我又是一条好汉。现代人老是渴望有个"长假"，似乎非得走得远远的才叫休息；但对我来说，我更喜欢善用短暂片刻来喘息，因为我始终相信："心远地自偏"。

碰到周末假日，我喜欢带着妻子和孩子到山林郊外，比如日月潭走一趟。从台北开车下南投并不远，到达目的地后，还能沿着湖边跑步、走走，短短的两天一夜里就会有度假的感觉。我想，我对娱乐的需求并不高，是个很容易满足的人，能偷得浮生半日闲，就很开心了。

到头来，时间长短，不过存乎一心。重点还是在你有没有智慧去运用它，而非让它成为焦虑的来源！

★管理时间,你可以这样做

1. 随时随地掌握零碎时间

把发呆、无聊的空闲时间拿来学习或阅读。

2. 选择对自己最有效率的方式

比如说,慢跑 20 分钟一样能达到流汗的效果,那就不用非得打高尔夫球。每天早上固定到附近公园跑 3000 米,回家冲个澡后再上班,不用半小时,就能换来一天的好体力。

3. 永远跑在 deadline 之前

在 deadline 前完成任务,才能"做得好"而不是"做得草"。况且,既然都是要完成,逾期往往要付出更高的代价。

第17章 好EQ，帮你"管事理人"

有太多比较，心中就容易出现"不公平"的委屈；但如果只是从"公平"这两个字去看事情，世界就会显得很小。我自己有一句话："池塘里的两条鱼会撞在一起，但大海里的两条船不会。"人生的舞台不只限于目前所在的公司，还有整个产业，甚至跨出国界的发展，所以应该把眼界变宽，学会和"理想的自己"比较才是。

年轻人经常觉得困惑：好不容易做事开始驾轻就熟，这时候却发现"做人"更难？明明看起来和同事差不多，为什么就是别人比较得到老板的喜爱、升迁也比我快？如同一句闽南语俗谚："做甲流汗，嫌甲流涎。"这中间到底出现什么问题？

如果你有这些困扰，我认为得学会一门必修课："组织内的文化管理"或"组织内的EQ"。明白其中的运作规则后，你就会发现，掌握做人之道，其实可以很简单。

◎为什么"好事"都轮不到你？

当你好奇为什么努力付出，组织内的"好事"都轮不到自己时，我想先抛出几个问题，帮你厘清几个容易被忽略的地方。

你的专业度够不够？在组织内，"解决问题"的能力仍是个人最基本价值所在。当大多数能留在公司内的人，都具备解决问题的能力时，谁的最好？为什么？所以，谁应该是最后出线的黑马？

要回答这几个问题，又得延伸到三个方面来看：工作态度、团队合作，还有别人对你的信赖度。

首先说工作态度。对基层员工来说，你展现出的态度，决定主管怎么定义你。当然，你可以用100分的态度做事，也可以只用70分；但易地而处，当你是主管时，一个是一脸吊儿郎当、看来好坏都无所谓，一个是做事严谨，交给他就不必再担心，两相比较，你会更欣赏谁？

其次是团队合作。在学校，每个人只需要把自己的书读好，考试考好；但在职场中，你不可能一个人完成所有工作，势必要跟别人合作。共事过程中，如何拿捏好与同事相处的分寸？同侪之间，无可避免会有竞争，但我认为团队合作的基本精神是："只要不损己，就尽量利人。"看一个人的潜力、格局有多大，不是只有他的专业能力而已，也包括他有没有余力去帮助其他同事。因此不妨自我反思一下：你在团队中的角色是什么？你是牺牲别人成就自己的类型，还是愿意为了团队也吃点亏？先能与团队合作，才是展现领导才能最好的方法。

最后则看"被信任度"。要被别人高度信任，除了取决于做事结果、工作态度外，还有一点：你有没有"使命必达"的决心？执行任务时，难免都会遇到困难，第一种人最优秀，会自己整合周边资源，克服瓶颈；第二种人虽然一时间找不出好方法，但主动找主管咨询后，能发挥出执行力，解决问题；第三种人，找老板讨论时，两手一摊，把问题丢回公司，也等于把自己的信赖度还给主管；最后一种，则是什么都不做，直接举白旗。要成为第一种人很难，那需要些天分和努力，但我相信我们都有能力做到第二种，只不过，目前根据我的观察，80%的职场人都还停留在第三种和第四种，这就是大忌。

◎做人、做事，天生"犯冲"？

找出"好事"为什么轮不到自己的理由后，另一个可能让人困惑的迷思是："做人"重要，还是"做事"重要？

我的回答是，职业经理人最重要的使命，就是完成任务。完成任务跟做人之间不见得一定会有冲突。就算表面上，两者真的产生冲突了,我们也要找冲突最小的途径来解决。

举例来说,总经理交付部门一项任务,因为部门没达成,部门主管被总经理修理了一顿。等到你加入团队后,发现自己有能力扛下任务,年轻人的第一个反应通常是:"我可以在总经理面前立下大功了!"

这就是只想到"做事",没有顾虑直属主管的立场。其实,你把事情做好,已足以让大家对你刮目相看,公开场合中,不妨谦虚地归功于主管指导、部门同事的协助,不用把光环全往身上揽。愿意与别人分享成就,反而更能展现自己的成熟态度。

另一种在工作上常发生的做人和做事冲突,则是横向部门间的沟通。各部门间的关系,很像"接力赛跑",跑慢了,大家就互相指责前棒没有准时交棒、或后棒没接好和及时开跑。但要是你的目标就是非达成不可,你就得同时帮助前手和后手。对跨部门的工作伙伴也要愿意表达关心和协助,不是只有批评。

◎水平关系:圆满比是非重要

从以上这些困扰不难发现,不管我们怎么拆解办公室的问题,都脱不了"人"与"事"的结合。我深深觉得,谈到"管理"这两个字时,应该解读成"管事理人",而不是"管人理事",之所以特别强调"理人",就是你得把上、下、左、右的人都照顾好才行。我的原则是:你不需要喜欢每个人,但必须要尊重每一个人。

很多人碰到人际摩擦时喜欢说:"我是对事不对人(Nothing personal.)。"每次听到这句话,我都很有感触。事实上,哪有真的所谓"对事不对人"?每件事到最后都是对人(Everything is personal.)。所以我反而一直认为,做事情,结果圆满比追求对错更重要。

比如说,你讨厌有人逢迎拍马、讨厌有人总是浑水摸鱼,如果纯粹用是非对错来判断,当然会觉得他们不对,有这种同事很倒霉。但只要把眼界拓宽一点,工作没办法那么拼命的人,是不是晚上回家要照顾生病的家人或小孩?在主管面前鞠躬作揖的他,是不是心底其实害怕自己专业不足,恐惧被取代,不得不用这种方式刻意存活?当然,并不是因此就要认同他,我们可以不学他、不喜欢他,但每个人背后都有值得同情的故事。用同理心取代批判,自己就不容易陷入"对人"的愤怒和不满中。只要专心思考如何协助彼此达到目标,就可以大大减少情绪上的干扰。

◎向上管理：学习欣赏老板的优点

除了水平的同侪关系，再看看"理人"的另一个方向——"向上管理"。

我相信绝大多数的上班族都抱怨过："老板要求真不合理。"只是，回头来看，什么叫"好老板"？是不责备你、给你轻松目标的老板，还是给你高难度目标，但让你从任务中获得深刻学习和突破的老板？

老板对你很 nice（好），很可能他的专业和管理能力也一般，跟到这样的老板，你也不容易有出色的成就。如果老板总是给你挑战，但他愿意同时让你获得额外奖励，帮助你过更好的生活，你觉得，这算不算好老板？每个角色都是由很多方面共同组成的，老板也是，我们不宜只看一个方面去挑剔老板，评断他"好"或"不好"。

我也知道，选老板不像在学校选课，工作以后只能接受，根本没得挑。不过，既然选不了，更应该学习欣赏、善用老板的优点。如果碰到高压式老板，你能不能在他手下百炼成钢？碰到温和的老板，能不能从他的待人接物上学习扩大自己的度量？不管和哪一种老板相处，都要当成一种职场学习。

第 17 章 | 好 EQ，帮你"管事理人"

◎终极原则：善用"目标反推法"

之所以不断在"做人"上强调要"高观者清"，是因为我相信对自己的未来，我们都有更高的期许。在工作上，我喜欢用"目标反推法"，人生也一样适用。离开学校后进入职场，等于踏上一条新路，选择什么"职业"，就会影响接下来的人生之路怎么走。所以，与其天天在意谁被谁占便宜，或被当下的"做人"难关阻挠，倒不如静下心想："我该怎么做，才能最快达成自己的人生目标？"

有太多比较，心中就容易出现"不公平"的委屈；但如果只是从"公平"这两个字去看事情，世界就会显得很小。我自己有一句话："池塘里的两条鱼会撞在一起，但大海里的两条船不会。"人生的舞台不只限于目前所在的公司，放眼望去，还有整个产业，甚至跨出国界的发展，所以不要只把注意力放在别人是否"踩线"，应该把眼界变宽，学会和"理想的自己"比较才是。

记得我在进入职场的第一年碰到第一位主管廖聪贤时，就默默许下心愿，希望自己在 35 岁前当上高级主管。所以，之后不管做什么事，我都是和心中"虚拟的 35 岁郭特利"相比，自然避开与身边同事锱铢必较的泥淖，也才有后来在飞利浦（台湾）"7 年升迁 6 次"的结果。

◎扮演好在职场中的角色

每个人工作时就像在"演戏"。想想你在公司中的角色,拿到哪个职位的剧本,就要尽量演出到极致。如同一句俗谚:"在罗马,就做罗马人做的事。"说穿了,职场上也是这样的游戏规则。要是真的不愿为五斗米折腰,有很强的自我,那么一般来说企业职场未必是最适合你的路。今天这个时代,很多工作者同样可以另辟蹊径,找出让自己发光发热的法则;但如果选择要成为组织内的一员,这门在"组织中的 EQ 课"就是帮助你成长的必修课。

★做人很难？你可以这样练习

1. 以"高观者清"为中心原则，拉高思考跟观看的角度，看到别人背后的故事，以及心中期许未来的自己，自然能降低不少情绪负担。

2. 三思而后言，不要对别人恶语相向。

这包括在公司内的言语或是网络上的文字。不论你多生气，先让自己沉淀下来，因为，冲动时说出的话最容易对别人造成立刻的伤害。

3. 碰到工作有困难时，客观地找出问题的核心，把所有可以执行的行动写下来，列清优先顺序。

执行时，尽量兼顾所有相关人的情绪。

4. 结果圆满，比执着于谁对谁错，非要得出一个是非论断，更重要。

第18章　放大你的工作价值

练习透过"放大镜"去看你的工作：以同心圆的概念，你的工作可以向外延伸，对不同对象创造不同价值；从时间纵轴来看，你现在的工作更是未来发展的重要基石。所以，年轻人应该打从心底喜欢自己的工作，对它有更丰富的诠释，不要被眼前的表象所局限。

你有没有想过这个问题：工作的意义是什么？

我一直认为，工作要快乐，第一，专业技巧要够，第二，工作得有价值、有成就感，才有快乐的可能。在企业分工愈来愈细致的情况下，除了少数金字塔顶端的位置，很多人常觉得自己的工作无关紧要，只是组织中一颗小小的螺丝钉。其实未必！我们每个人都应该以作为组织、社会、甚至是国家中的"关键零部件"自许，工作的价值不是由职衔定义，而是来自影响力。

我之所以有这样的体会，可以追溯到我的成长过程。

第18章 | 放大你的工作价值

◎弯腰卖鱼的父亲，不仅让我们长大，也帮助别人

从我出生以来，父亲就在传统市场中卖鱼，到现在几乎卖了半个世纪。一般人印象中，"卖鱼"并不是个层次高的工作，再者，放假时我和兄弟姊妹都要到市场帮父亲杀鱼，所以小时候，我并不是太喜欢这个职业。

当时的父亲，常为了一条不过赚几十块新台币的鱼，得跟客人鞠躬哈腰。而身边同学的父母，不是当警察就是做老师，看起来就是比较体面，比起来，总让我觉得有点不是滋味。不过，在我念小学时发生了一件事，让我从此对父亲的职业完全改观。

有一天，我下课后如往常般到菜市场找父亲，没想到碰见同学的母亲正和我父亲对话，她很客气地说："因为当警察的丈夫这个月工资还没发下来，能不能先借点钱帮小孩缴学费？"

"他们为什么要跟我们借钱？"本来以为警察的工作应该很威风，同学母亲离开后，我忍不住问父亲。

"公务员是'做工作'，每个月领固定的工资，万一月中临时要用钱，像是缴学费，难免周转不过来。"听父亲这样说，我才明白，因为我们家做生意，每天都是现金进出，反而因此手中有些余钱，能帮忙应急。

这种情形不是特例。后来我发现，有些同学的父母是农

民，一年收割两次，等于只领两次"工资"，有时候碰上收获期未到，又需要钱，也会找我爸爸帮忙。

于是，我慢慢体悟，"工作"的意义不能只看表面。我以为父亲每天对客人弯腰卖鱼，这份工作很不起眼；但父亲的工作不仅让我们一家温饱，还有余力帮助别人，甚至，当我后来决定出国念书时，留学费用也都是来自父亲的资助。

◎ 同心圆式的扩张思考法

如何衡量工作的价值？我逐渐建立出一套"同心圆"思考法：先从核心来看，这份工作能不能帮自己安顿生活、同时培养专业技能？第二层去思考，这份工作能否让家人衣食住行不虞匮乏？至于第三层，你的工作能为其他人带来什么影响？至于最外层则要去看，这份工作的社会意义是什么？

如果用图2这个同心圆来衡量我父亲的工作，我们可以认为他是菜市场中的鱼贩，是家庭经济的守护者。直到后来，农村"办酒席"的风气盛行，我父亲开始供货给外烩厨师后，你更可以说我父亲见证了台湾请客产业的历史，甚至是让许多人婚礼更加美满的舵手。

同样的，你可以说我只是个卖投影机的人，但我自认也是个本土投影机的品牌经营者，直到最近，我给自己一个更好的

第18章 | 放大你的工作价值

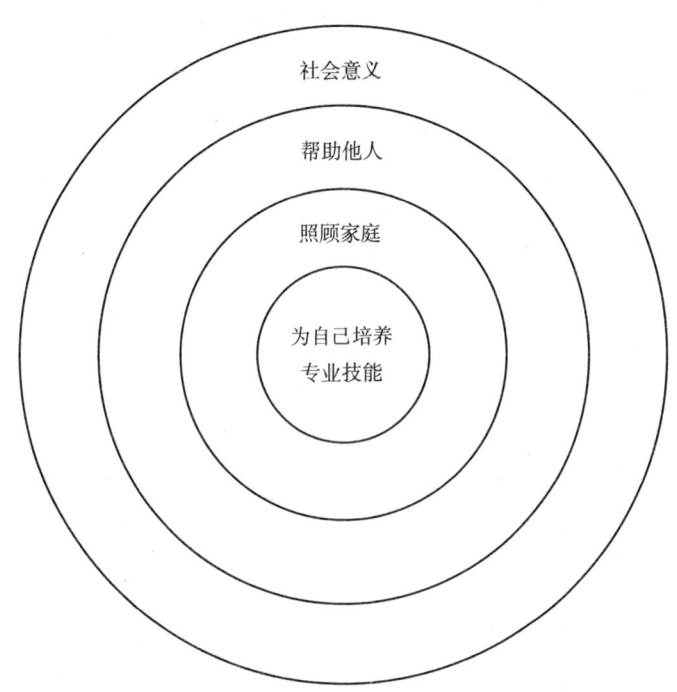

图2　工作价值同心圆

定义：我要证明华人品牌有机会超越日本品牌。

　　回头看看你的工作，也许你是个银行柜台职员，它只是简单的柜台行政？或是银行第一线提供服务、传递形象的尖兵？还是金融产业的高级经理人非历练过不可的"实习班"？无论如何，我都建议要练习透过"放大镜"去看：以横轴来说，以同心圆的概念，你的工作可以向外延伸，对不同对象创造不同价值；从时间纵轴来看，你现在的工作更是未来发展的重要基石。所以，年轻人应该从心底里喜欢自己的工作，对它有更丰富的诠释，不要被眼前的表象所局限。

◎ 突破思考难关：要投射自己的最大可能

"同心圆式"的扩张思考并不困难，可惜的是，多数人却很难做到，为什么？

我观察到，很多人动不动就说："我不过是个×××"，只把重心放在名片的头衔上，除了在心态上，习惯把自己做小之外，另一个可能，恐怕也是难以直接感受自己对别人所带来的帮助。把目前的职业生涯放在一生的工作历程中定位时，大家或许又不知道：眼前这个"蹲马步"的阶段到底什么时候结束，"理想的自己"什么时候才能到来？

能否放大自己的工作价值，我认为，存在于一念之间。

先从水平的方向来说，即使是最基层的工作，一样会对公司产生巨大的影响。举例来说，假设你是个会计，你的工作不是每天记账而已，它决定公司财务报表的准确性，是左右董事长投资决策的依据。

像我自己，最忙时一天得开上 6~8 个会议，只要会议一多，我就得请秘书帮我准备午餐，让我中午不必外出，直接留在办公室中，可以继续通过视频开会。听起来，这是件琐碎的小事；但是，只要秘书一休假，我就很难当天排满6个会议。等于说，秘书决定了我当天可不可以让时间效益最大化。

至于做时间轴上的垂直扩张时，每个人都要懂得"投射自己的最大可能"。人因"梦想"而伟大，这当中，除了有"梦"，还要有"想"。你现在做任何事，都可能是未来梦想的一部分。当你担忧"未来"到底距离自己有多远时，可以简单问自己以下几个问题：第一，你是否已经具备现在这个阶段的专业？例如，未来想当财务部副总经理，目前是财会基层人员的你，应该具备的财会专业知识是否足够？检查方法也很简单，在同事中，你是不是表现最好的那一位？为什么是或者不是？先期许自己在同事中表现出色，才有向下一阶段迈进的基础。

另一个方法，是寻找身边值得作为标杆的"灯塔"。看他拥有哪些特质和专业，哪一部分是自己还没有的。简单说，你们之间的差距，就是现在要做的学习和积累。

这里我可以给大家一些在寻找学习标杆时的建议。一般人交朋友，都倾向找年纪相仿的对象，但有句话说："聪明人从别人的经验中学教训，平凡人从自己的错误中学教训。"我特别喜欢从比我年长朋友的历练中，学到他们的实战智慧，我也有很多这样的朋友。不必担心有年龄、代沟问题，即使彼此没有话说，只要态度诚恳，他们也多能从过来人角度，看我们现在还缺少什么。禅宗说："若能修定，如密室中灯，能破巨暗。"年纪大的朋友对我们而言，就像密室中的"灯"，能在我们迷路时提供宝贵建议。

◎你有选择态度的自由

现在，请再一次回头看你的工作，你会怎么看呢？

你有选择态度的自由，每份工作背后，都能找到让我们前进的动力和使命。像我，从"卖投影机的业务员"，逐步扩张成一份对民族品牌竞争力的抱负，你的工作之于你，答案又会是什么呢？

★练习放大你的工作价值

在图3的同心圆中,试着用一句话写出每个层次中你的工作意义。

找几个你认为足以当自己"学习标杆"的前辈,问问他们在目前自己所处的阶段时,想些什么?做些什么?对他们后来的人生产生了什么影响?检查一下,自己是否属于组织中的"关键零部件"?少了自己,组织会怎么样?

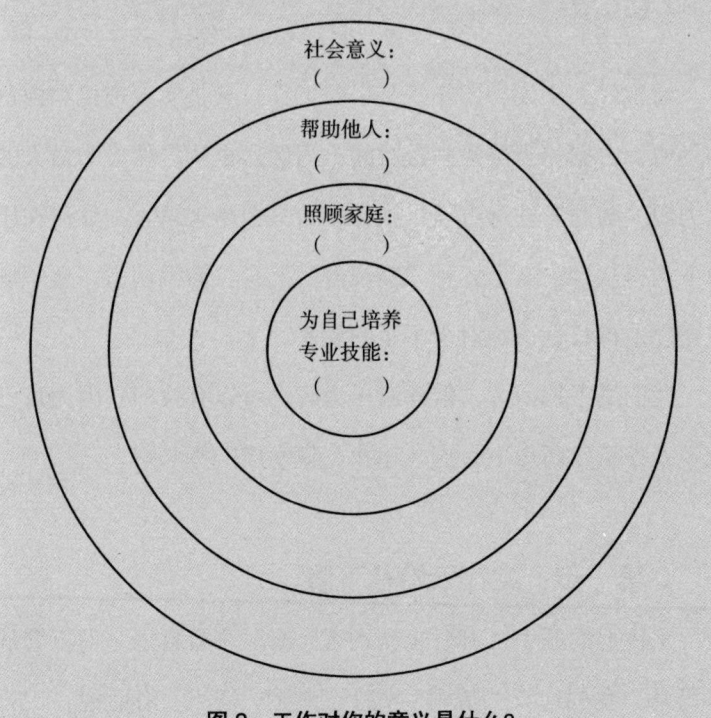

图3 工作对你的意义是什么?

第19章　克服压力：站在云端往下看

工作占据了我们平日大部分时间，假如不好好解决工作带来的压力问题，不但影响身心健康和生活质量，职场之路也走不远。

对现代人来说，工作既是生财工具，又是实现理想和抱负的场所，占据每天绝大多数时间，当然，也就自然成为最大的压力源。随着升迁与责任扩张，压力只会越来越大，如何在压力下活得从容，避免各种"症候群"上身？懂得调适，是职场之路想走得长远，绝对少不了的要素。

我们逃不掉压力，但面对压力时，可以有技巧。因为自己长年处在工作高压下，这几年我也摸索出一些心得。

◎第一步：站在云端往下看

工作上的压力，有时来自别人，有时来自自己。但不管从哪里来，我都建议要练习"站上云端往下看"。俗话说："当局者迷，旁观者清。"我们常觉得自己是最痛苦的人，但只要

第 19 章 | 克服压力：站在云端往下看

能暂时跳脱现在的位置，从另一个角度观察，说不定马上就会发现：不需要这么难过。

举例来说，要是今天被老板在办公室"修理"了，确实会让整天心情都陷入低潮。可是如果站高一点，从云端往下看，你很可能发现，老板之所以发火，是因为他在外面承受客户更大的压力，或经营状况不理想，他很烦恼。老板之所以"尅"你，是因为问题目前没有解决，换句话说，他焦虑的真正症结是："这个问题需要解决"，而非"不喜欢你"。

找到真正原因之后，我们就要强迫自己改变心情、采取行动。与其沉溺在被老板骂的挫折感里，不如积极思考怎么做才能达到目标。是去拜访客户？还是找人去排除产品的技术障碍？不同问题有不同的解决方法，但要清楚地列出有效的行动计划。

一旦体会到这一点，我们就能从"老板看我不顺眼"的情绪反应，转移到"协助老板解决问题"的理性思考，把委屈变成做事的动力。

记得我在经营奥图码初期，品牌小、又亏钱，我和团队难免常陷入"该怎么办"的境地，当时我的压力大不大？当然大。但当我站在云端往下看，很快就知道困坐愁城没有用，我必须让销售量大幅增长、知名度大幅提高。抓出两大重心后，再继续往下推演行动方案,当要做的事一件件展开在眼前,我和团队就没有空再去想"该怎么办"了。

◎第二步:转换行动

事实上,"做事"本身是让人专心、缓解压力最好的方法。看见成果一步步地显现,不是持续在原地打转,压力自然就会减轻。说到执行,"照表操课"这四个字非常简单,却是关键。依照自己规划的行动,一点一滴达成,中间得靠纪律和速度。毕竟,每个人都容易松懈,如果没有一个稳定驱动自己的力量,"碰到压力—后退—放弃"的杂音,恐怕还是时不时地会在心中响起。

我的做法是,大声许自己一个未来。比如,我未来要当高级经理人,我一定要努力。只要朝着目标更近一点,就是支持我对抗压力的力量来源。

而且,要保持信念,不要轻易怀疑自己。我始终相信自己的努力会被看见,我不会永远只当个小业务员,有一天一定会成为大人物。套用一部中国电影《命悬八百里》中的台词:"有信念的人,从来不会问目标还有多远,只会说越来越近!"

◎第三步:用运动锻炼意志力

第三,则要靠意志力。达到目标前,经常得经过很长时间的磨炼,有时会让人心烦:到底终点在哪里?培养自己从"抗压力"进化到"续航力",最有效的途径,莫过于持之以恒的"运动"。

一般人都知道运动能保持健康、维持体能,但和"工作"会有什么关系?你可能没想到,运动能同时训练和培养我们的意志力。就像我,为什么我的正面思考能量始终很强?我相信身体和心理相互影响,有好的身体,就有健康的心理。我能维持充沛的体能,才敢去树立一个远大的职业生涯目标。

因为如此,我长期坚持慢跑的习惯,再忙,我都要跑,有时出差回到家已是半夜,我照样隔天一早起床跑步,极少例外。跑步当下,除了给我片刻沉淀,暂时离开手边工作的漩涡,也更能让我之后一整天都有清晰的思维。多年下来,我现在的身材比我大学时代还清瘦,肌肉坚实到有时连朋友、家人看了都吓一跳,没有其他秘诀,全靠规律运动所赐。

◎一一击破各种压力

以上"诀窍"是我工作 20 多年下来的积累,其实这三个对抗压力的步骤不限于工作方面。无论是夫妻相处、小孩教养或各个方面，我相信都能适用。

时时提醒自己这几点，一方面，看问题的角度更宽广；其次，转换为行动去实际解决；然后，持续有纪律地执行。三管齐下，天底下大多数的挑战都能被克服，压力也就变成推动力了。

值得一提的是，我很惊讶的是现在很多人没有任何运动习惯。忙跟累都不是借口，你一定可以找到最适合你的运动方式。不妨把养成运动习惯当成对抗压力的第一步，持之以恒地锻炼，久而久之，你一定会发现自己比别人有更高的抗压能力。就像我一样，运动就是我的发动机，给我更多启动的力量。

★ 对抗压力,你可以这样做

1. 不要执着在事情上面

老板对我不满意?同事不喜欢我?这些猜疑无济于事,也不会有人告诉你答案,不如尝试去找造成事情发生的真正原因。

2. 跳脱自身所在位置,站上云端

试着抽离,从一个第三者的角度来看当下情境,如果这件事发生在别人身上,你会给他什么建议?

3. 不要坐而愁,要起而行

什么都不做,压力才会越来越大。开始做事,看见成果,专注和成就感会赶走压力。

4. 再忙,都要养成运动的习惯

健康的身体会帮助你在高压下有更好的耐受力。

第 20 章　正面思考的力量

我一直相信"有志者事竟成"。这句话就像汽车中的"汽油",让我专注于改善方向、排除障碍,推着我继续往前走,一路走到今天。

事情都有正反两面,同一件事,我们可以从正面、也可以从反面解读,你会选择哪一面?

被老板骂了一顿,你既可以视为自己当天倒霉变成出气筒,也可以谢谢老板帮你找到进步的可能。就像那个经典的两个业务员到非洲卖鞋的故事,正面思考的人看到机会:不穿鞋的非洲人都需要鞋;负面思考的人却看到局限:非洲没人要穿鞋。想想看,你是哪一种?

认识我的人几乎都说,"正面思考"是我身上令人印象深刻的特点。但我也是从不断的跌跌撞撞跟摸索中,一次次的自己强化出这样的思考方式。

◎与其没自信，不如去学习

我大学读运输管理专业，毕业后却直接踏入了电子行业，在什么都不懂的情况下，刚开始工作时，我也常常被主管"尅"，一度，我曾经也自我怀疑过，我是不是真的那么差？

但我后来发现，这样想除了更沮丧，对我没有任何帮助。所以，在工作第二年后，我决定改变态度。一方面，我帮自己树立了一个"十年目标"，希望 35 岁时当上大公司的高级主管；另一方面，我从此把主管的批评和要求都看成朝目标走的必经过程。如此，我的焦点就不在于今天主管喜不喜欢我，而是我究竟如何弥补弱点，成为理想的自己？

当年，我有个很直接的想法，既然我对电子行业的知识几乎是"零"，干脆去台北市南阳街补习电子学，重新充电。记得每次去补习班，放眼望去，几乎都是学生为了冲刺政府考试，只有我身穿西装，一看就是刚下班匆匆忙忙赶过来的。尽管在班上有点突兀，我的学习动力却不输人，只希望在短时间内把欠缺的知识补足，好"追上进度"。

虽然头一年自信心不足，一旦把焦点转移到"还有什么不足"时，就是我抓住学习机会的开始。

◎转化负面思维

同样改变心态的例子，也发生在我到飞利浦（台湾）工作后。在夏普（台湾）当业务员时，台湾面板产业正起飞，等于我们在夏普卖 LCD 面对的是"极端卖方市场"，所有客户都把我们当成供给关键零部件的"大爷"。拜访客户时，只要一说出："我是夏普 LCD 的业务员"，客户很快就答应见面，也会非常热情地招呼我。

但到了飞利浦（台湾），情况完全变了。虽然飞利浦的名气听起来比夏普大，但我卖的是电阻、电容，就像电子产品中的"螺丝钉"，非常不受重视。当时拨电话拜访客户的采购人员，我还是和以前一样自报名号打招呼，对方却马上回我："啊？卖电阻、电容？你不用亲自来见面了，直接给报价单就好啦！"明显搪塞的语气，当然令我难受，也让我忍不住有这种念头：如果卖电阻、电容像是在当小弟，是不是应该申请调去其他部门改卖关键零件当大爷？

难受归难受，静下心来，逐渐我也慢慢领悟到，头一年在夏普，别人对我的好声好气并不是因为"我"这个人，而是因为公司的"品牌"和"产品"。那些光环都不是真实的，既然现在我掉入"凡间"，刚好可以重新审视自己，真正让客户看到我的专业能力和服务。

第 20 章 | 正面思考的力量

再一次，我把一个别人眼中的"打击"，转化成努力的目标，通过一次又一次类似的过程，我越来越确信，只有跳脱负面思维，才能够帮助自己更上一层楼。

◎正面思考 × 能力 = ∞

也许你会问我，凡事正面思考，保持乐观，跟一般人常说的"自我感觉良好"，有什么不同？

我认为两者有很大的不同。乍看之下，两者都能让我们抛开不愉快的心情。但正面思考还包括正视并承认现实，假如对现状不满意，接下来要有后续行动和改善计划。比如说，我头一年表现欠佳，就要想如何去做可以提升经验值，不能像鲁迅笔下的阿Q一样，只用"精神胜利法"来自欺欺人。

用最简单的一句话来诠释"正面思考"，应该是："有志者事竟成。"有了正面思考，你会觉得事情可为，既然可为，才有策略和行动，然后执行和完成（见图4）。

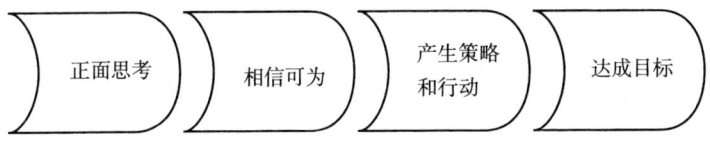

图 4　正面思考的具体行动方案

相反的，如果你不正面思考，自然觉得凡事"做也没用"，没有作为，那梦想当然永远是梦想，不可能"成真"。

鸿海集团董事长郭台铭有句名言："成功的人找方法，失败人找理由。"这句话一点都不假。担任主管多年后，我观察能正面思考的下属，面对失败时，会积极分析错误，马上就去想其他改善方案。可是，无法正面思考的同事却会陷入失败的泥淖中，难以抽身，更遑论其他。

我有个简单的数学计算公式，假如一个人能力有80分，但因为无法正面思考，他最多就只能做到80分的程度；但如果一个人善于正面思考，即使他的能力最初只有60分，他通过不间断地努力弥补后，可以从60分提高到80分，甚至100分。所以长期来看，正面思考的人绝对会赢过不能正面思考的人，而并非只决定于原始能力的高低。

◎正面思考的敌人：我尽力了

听起来，运用正面思考能爆发出的个人能量很大，但为什么多数人还是容易陷入负面思考中？这是因为正面思考所对抗的，正是我们好逸恶劳的天性。

"我已经尽力了。"这是很多人碰到阻碍后常说的一句话，一方面先为自己辩解：我已经够努力，不要再强迫我继续努力了；另外，要提出新方案，超越过去的自己，这一关并不简单，这句话也等于预先宣告：我做不到。

第20章 | 正面思考的力量

在我的每个职业生涯阶段,都执行过非常困难的任务,但我从来没有认为自己"已经尽力了"。经营奥图码初期,我们面对的是比我们有名上百倍的竞争对手,各方面都没得比,但我们仍通过办记者会来创造"事件营销",增加品牌的亮相机会;到近几年,为了延续品牌曝光,我则持续在报纸杂志上撰写专栏。即使有了一点点的成绩,但我们还在不断寻找精进的方法。

套用我之前讲过的:"目标不容妥协,方法可以改变。"只要没有达到目标,我不会说:"尽力了。"只会问:"我离目标还有多远?"

直到现在,"有志者事竟成"始终是我的座右铭。前段时间热卖的畅销书《秘密》,强调"心想事成",我也是这个观念的奉行者。23岁进入职场后,我从什么都没有,一路过关斩将,站上今天的舞台,全靠这六个字。正面思考像我前进时源源不绝的"汽油",让我保有雄心和动力,排除障碍就只是时间长短的问题。

职场上要创造非凡的成功,例如像郭台铭或张忠谋一样的成就,很难;但要做到像我一样,当一个大公司的高级经理人,并不难。只要目标明确,严谨自律地达成,我相信很多人都可以做到。

★ 培养正面思考的三个动作

1. 每个打击都是学习的契机

打击是让你变弱,学习却是让你变强。一定要把打击转变为充电或学习。

2. 相信"有志者事竟成"

相信可以作为,才会采取行动,也才能改变结果。不相信的话,连起点都没有,当然就不会有任何可能了。

3. 正面思考 × 能力 = ∞

出发点高低不是左右成果最大的因素,能否正面思考才是。

第 21 章　面对选择：选一个最大可能的自己

当我们在职场上克服完各种挑战和挫折后，伴随而来的往往是"选择"：有可能是内部调岗、外部挖角，又或是你想主动跳槽。但是，在面对这些机会时，眼前看到的好坏不见得是真的好坏，别人的意见也不见得是真的好意见，碰上这样的关键时刻，你应该要想的是："哪一个对你才是最佳路径？"

在一次演讲上，曾有听众问我："我很羡慕你的职业生涯发展，但我偏偏是待在一家很保守的企业，在这样的公司体系下根本不可能复制你的快速升迁路径，我该怎么办？"

在前面，我花了很多篇幅分享正确的职场态度，包括把吃苦当进补、把老板的严格要求当成训练，但我并不是一味要大家绝不能离开一家公司。我曾经提过"两个金字塔"理论，在第一个金字塔中，我们应该要想办法不断往上升，这包括表面上的职位，还有专业、人脉、财富等各方面的向上发展。而当达到第一个金字塔的顶峰后，其实可以考虑寻找到第二座金字塔后再往上走，这样我们才有机会拥有更大的舞台、资源和财富。但要面对转换金字塔之际，我们该怎么选择？到底要拥有什么样的心态？

有个小故事是这么说的，一名妇人有两个儿子，一个卖花、一个卖雨伞，无论天晴还是下雨，总会有一个儿子不开心，这让妇人很忧心。面对机会出现，我们可以把它看成故事中天气的改变，但如果这样的改变，会让你陷入宛如这名妇人一样的困扰——到底自己该怎么取舍？从过去自身经验来看，对于职场中的选择，我归纳出以下原则。

◎原则一：着重长期发展潜力

碰上机会敲门，不要欣喜若狂，你应该冷静思考，从长期来看哪一个选择才是对自己最有利的？

我在飞利浦（台湾）工作阶段，直属老板庄钧源其实并不是第一个想把我从基层员工升为主管的人，而是另外一位老外主管最先提出。以飞利浦的矩阵式组织来看，这位负责亚洲区磁性产品的老外总经理和当时担任电子零部件台湾区总经理的庄钧源同属我的顶头上司，但在我还是资深销售工程师时，老外主管就希望我能去接手一个营销经理的空缺，如果接受这样的调动，我将从当时公司内的 8 级跳到 10 级，等于说，我不只有升级机会，还能一次连跳两级。乍听之下，我没有理由不答应眼前这个晋升的好机会，但既然我把庄钧源当成职场导师，我也决定诚实地告诉他我所面对的机会。

还记得庄钧源听完后只告诉我，他觉得我仍年轻，尽管业务部门的行政级别看上去好像不如营销岗位，但通过业务工作能学习到广泛的经营管理技巧，对我来说并不是坏事。此外，庄钧源也提醒，在B2B的磁性产品市场中，营销经理的影响力不见得比业务人员来得大，"只要你好好做，未来也有机会升到业务经理"，庄钧源这么对我说。

在我仔细思考后，我也认为庄钧源的想法是对的，所以很快就婉拒了老外主管的调动。做出这样的选择，事实上也代表我愿意延后升官，但事后证明，晚一年升官，一方面，除了让我有更扎实的业务岗位训练，使我在未来成为出色的业务人员；另一方面，也深化我和庄钧源之间的合作关系。更值得一提的是，后来那个营销职缺果然如庄钧源所说，在B2B为导向的电子零部件市场中并没有太多发挥空间，甚至到最后，位子也被公司裁撤。

◎原则二：不看短期的工资报酬

第二种面对职业生涯选择时的态度，很多人会以工资的多寡来做决定，但这样就够了吗？

在我服务飞利浦（台湾）的后期阶段，我曾被公司要求带着下面团队直接合并到韩国乐金电子（LG）。在我断然拒绝后，公司为了要吸引我们而提出一个条件：只要愿意去 LG 的人，每个人的工资都会乘以 2。听起来"两倍工资"很诱人，但我和团队同事为了一些理念和工作抱负，最终还是没有选择去 LG。

事后也证明，若并去 LG，将会面对公司文化的差异，能发挥的空间缩小。尽管后来大家仍留在飞利浦发展，但我们都保持认真努力的工作态度，到最后，每个人还是有很好的职业生涯发展。金钱固然重要，但从我的角度来看，我们也别太执着于眼前工资的高低，想清楚后才行动。

◎原则三：哪一条路才能让你有更大的可能？

如果上面的原则还是帮不了你做决定，面对眼前的各条道路，你可能会想："哪一条路，可以让我有更大的可能？"可以分享的自身经历，就是我选择去奥图码的经过。

为什么我当初会愿意离开外企、跑去刚起步的台商公司任职？我 34 岁就当上飞利浦（台湾）的业务处副总经理，几乎成为同级别中最年轻的职场人，但我却渐渐发现，外企在台湾的发展越来越受限。另外，飞利浦（台湾）对我来说已成为"舒适区（comfort zone）"，接下来，我只要"不犯错"，就有机会升迁、加薪；相反的，要在一个本土公司重新开始，我不只要"不犯错"，还要能"做对事"。

从保守角度来看，我应该留在飞利浦（台湾）才是。但最后几年在飞利浦的发展，却让我有个遗憾，我们的工作往往由欧洲总部做好决策后，才轮到各地区来执行，人在台湾很难有机会深入决策过程。所以，我到底该留在飞利浦（台湾），还是要换到奥图码任职？哪一条路才能让我达到最大的可能？

我相信要勇于放弃舒适区，才能追求更大的可能。事实上，这边说的"舒适区"，对当时的我来说包括了很多方面，甚至连通勤都是个考虑。还记得那时候我住在台北建国南路上，要去位于建国北路的飞利浦（台湾）上班，开车不过5分钟；如果选择去新竹的中强光电集团上班，光单程就要开车一个多小时。虽然去中强光电让我上班路途变遥远，且实际工资也没有增加，但我相信，每个人都是未开奖的彩票，我将有机会在创业型的公司里去展现自己的规划能力，当一间公司的大脑，而不是手脚。所以，换到奥图码或许很冒险，但对我而言，如果想要有更大的成长，重点是在我敢不敢跳出舒适区。这一关，也牵涉到最后一个面对选择时的思考原则："你敢冒险吗？"

◎ 原则四：缩小风险，再冒险

和上面三个原则相比，"敢不敢冒险"其实最困难。如果真的跳出原来的舒适区，你能接受改变带来的风险吗？以我的例子来说，如果在奥图码成功了，我有机会展现经营品牌的能力，但如果失败了，我又会失去什么？

对一般人来说，面对改变的时候，容易恐慌将来会不会"一败涂地"或"一蹶不振"。与其说怕摔得太重，不如说是怕自己的信心被彻底摧毁。所以，我并不是鼓励大家没头没脑地去冒险，我们应该要做的是：先缩小风险，再去冒险。

对年轻人而言，才刚踏入职场，几乎是 nothing to lose，所以碰到机会上门时，在思考上面几点原则之后，我鼓励你们应该大胆尝试。至于对中级主管的人来说，是属于 something to lose 的一群人，万一失败，就要重新找工作，在履历上留下记录。但为什么一般中级主管会恐惧重新找工作？

这必须要回头思考，为什么我们觉得年轻人 nothing to lose？一般年轻人总认为自己报酬过低，这不仅指工资，还有头衔不高，所以如果要重找基层工作岗位，另起炉灶并不难。然而，对中级主管来说，最大的考虑其实是：如果冒险离开现在的位置，假如失败，还有没有办法重新拥有现在级别的工作？不过，如果你本来就名副其实，又为什么会害怕再找到相同位置的工作？只有当你觉得心虚，认为要再找到相当的工作并不容易，才会害怕。

假如你真的不够格，像股票一样，涨多了会"回调"，就要趁这段转换跑道的时间来补足专业，才有下一次上涨机会。还有人担心，万一失败时景气恰恰不好，不利求职，怎么办？但这样的大环境因素只是把找工作的时间拉长，并不影响你的专业功底，有实力的人，还是不怕找不到相当的工作。

至于对高级主管，其实和中级主管一样，如果你对专业有信心，重找工作的风险就不用担心。如果你不敢冒险，还是要去思考，为什么没有把握再找到同样级别的工作？假设答案也是专业不够，就要赶快补好课。

在职场上，我们一路总会面对很多路口，有可能得要立即取舍、有可能得二选一或三选一；眼前看到的好坏不见得是真的好坏，别人的意见不见得是真的好意见。但无论如何，通过上面四大思考原则，希望能帮你选出一条最适合自己的路、最值得花时间去攀登的金字塔。

★ 面对选择，你可以这样想

1. 检查现状，你对目前的状态满不满意？有没有重新选择的需要？你想达到的目标是什么？

2. 面对选择，你取舍的原则是什么？不妨从以下四点来衡量自己对于选择的态度：

（1）你是看长期，还是看短期？

（2）报酬是唯一的诱因吗？

（3）是否妥善评估风险？

3. 这样选择，跟成就"未来理想的自己"有什么关系？

4. 不管最后是否采取行动，这都是评估自己实力的好时机，若是对踏出舒适区仍有所迟疑，更应该赶快弥补不足的能力，才不会下一次又错失好机会。

第 22 章　给 80 后们：职场头十年的梦想与理想

80 后们，你们面对的是一个更广大、竞争更激烈的两岸舞台，但在职场中拼搏的同时，我希望你们别忘了小时候写第一篇《我的理想》作文时的勇气。

◎ 80 后们，你们好吗？

从步入职场到现在，你们应该有 5 年左右的工作经验了，有的人已经步入而立之年。这个年龄段的年轻人，属于正准备进入职场，或是已踏上职业生涯之路，此刻蓄势待发，在你的梦想刚启程时，到底职场头十年要怎么耕耘，才能有最好的收获？

◎兴趣与专长，哪个重要？

对于刚进入社会的年轻朋友来说，"专业"和"兴趣"之间怎么抉择，常常在心头浮现问号。就我来看，兴趣与专业其实是一种"组合"，而不是"抉择"：两者都是生命中重要的元素，重点是我们怎么分配时间，而不是二择一的问题。

假如你平常的兴趣是搞乐队，但在学校所学的专业是营销，最好的做法是，你组一个摇滚乐团并负责营销。如果这能成为你一辈子的工作，就是个好工作，也是兴趣跟工作的好结合。

尽管这是最理想的状态，但享受兴趣和把兴趣当工作之间，真实生活中常常有落差，所以我们必须进一步思考：第一，这样的组合有没有市场性？我的兴趣真的有相对应的职业存在吗？如果是，恭喜你，但不要急着一头栽入，接下来还有三个问题等着你。

很多人对兴趣的爱好，来自活动本身带来的欢乐，却不见得喜欢当兴趣延伸成工作后，连带出现的柴米油盐等现实问题。以上面的例子来说，你是只喜欢唱歌、玩乐器，还是也能享受去长期经营一个乐团？

如果这个问题你还是回答 Yes，那就再继续问：你觉得投入这一行，你的成功概率有多大？比如，你喜欢搞乐队，但你能变成李宗盛或周杰伦的机会有多大？兴趣用来丰富生活是件很浪漫的事，但想靠"兴趣"来养家糊口，就要通过市场的检验。当然，我没有抹杀"十年磨一剑"的可能性，所以这个问题也不能忽略：要是成功率不高，你有没有足够的热情支撑，走过成功来临前的漫漫长路？

我们用一个简单的流程图（如图 5）来归纳你最后的选择。如果你的兴趣没有相对应的职业匹配、你不能管理兴趣带来的现实问题、这行成功率又不高、你无法承诺会一辈子为兴趣牺牲奉献，只要这四个检查项中，有一个你说 No，我都会建议你把兴趣归兴趣、工作当工作。

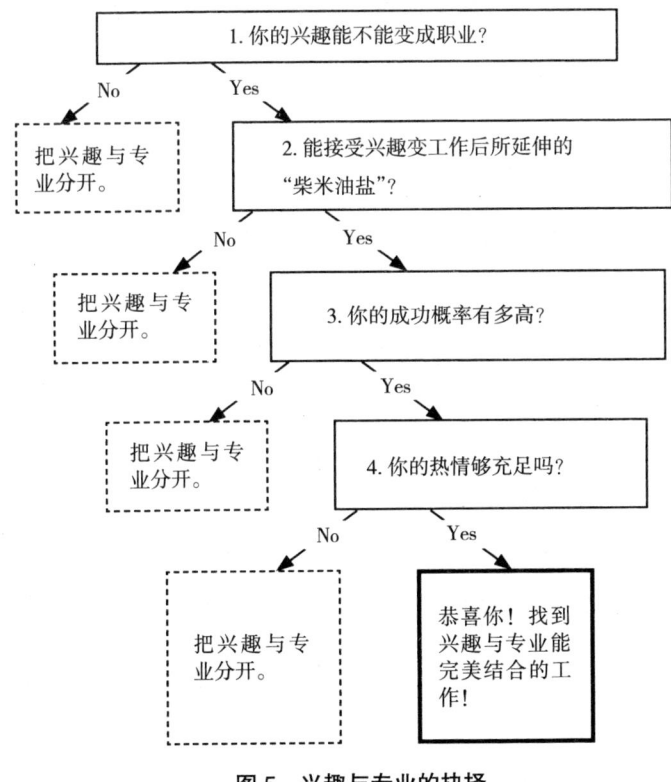

图 5　兴趣与专业的抉择

拿我自己来说，我从小喜欢看成龙、李小龙的电影，长大后，也去学了一点功夫皮毛，但我从没想过去开家武馆。一方面，我觉得自己的能力不够格去做个职业选手；另一方面，我也不喜欢在武馆当教练的生活。因此，在我一边认真工作、一边照顾家庭之余，练习跆拳道成为我私下休闲的重要项目，在我生活中，这就是兴趣和专业的完美组合。

通过这四个检查点，能帮助我们厘清犹疑于专业与兴趣间的困惑，但若面对这四个问题，你完全没有答案，那或许该重新回头"认识自己"：我做哪件事有热情、不觉得枯燥？哪件事我做起来能事半功倍？职场是一场长达万里的马拉松赛跑，只有"热情"和"天分"这两项特质，才是让你持续走下去的原动力。所以，我会建议，在能够产生热情、做起来又能事半功倍的前提下，年轻人尽量去挑个成长性的产业或公司。这两个要件至少要具备一个，如果一个都没有，就要再重新审视你现在的选择。

◎你们所面对的机会与竞争

立定工作志向之后，我希望你们了解现在所面对的机会与竞争情况。

我常听70后、80后的年轻人说，现在的发展机会不如以前，其实，每个时代的人都说过这句话。记得我刚踏入职场时,也很羡慕现在的40后,因为前辈们能经历台湾科技业的起飞。不过,回头去看,事实上,每个时代都有专属它的机会,台湾从早期的"香蕉王国"、"雨伞王国"到现在的"科技王国",时势造英雄,英雄也在造时势。

先不论产业更替,我最大的感触,反而来自你们面对的两岸新境界。我是个60后,小时候在课本上念的是"反攻大陆"。在我工作前10年,两岸之间还是彼此封闭;但现在,中国大陆已经是世界上仅次于美国的第二大经济体,只要我们放大格局,两岸合作我们非常可能成为就业或生意上的伙伴,有机会一起建立华人共同市场。

我曾经和几个韩国朋友聊天,他们就很羡慕我们,认为只要我们愿意,就能买张机票到中国大陆上班,不像日本人或韩国人,必须面对语言和文化上的隔阂。台湾年轻人的机会真的变少了吗?现在有个相当于几十个台湾的市场,成为创业或就业的新场所,你们拥有的机会,是我们以前的10倍、甚至百倍,这反而是过去各个时代没有发生过的大事。

虽然机会如此巨大,但相对的,竞争也趋向白热化。中国大陆一年有近400万个大学毕业生,在两岸共同市场的概念下,两岸年轻人其实正一起竞争工作。以奥图码来说,我们在中国大陆布局已超过5年,中国大陆的办公室有些管理人员的级别、重要性、甚至工资，已高过台北办公室的同事。有人这么说，跟过去相比，台湾工作者的优势正在流失；但我从另一个角度看，应该说，台湾工作者过去的"保障"正被拿掉，为什么台湾同事的工资就应该比中国大陆管理人员高？从公平竞争的角度看，谁的能力强，就应该拿到更好的工资和职位。所以，当我现在要思考亚洲区的主管升迁时，我不会按户籍来选择，只要是优秀的人，都有机会出线。

在两岸人才的碰撞中，我逐步看到人才走向"M型化"的趋势。能力强的人，以前想拿到顶尖的报酬和职位，可能必须远赴欧美国家任职；但现在，中国大陆的角色在世界经济版图上不断成长，只要到对岸，就能挑战世界一流水平的职位和报酬。而残酷的是，如果你的工作内容替代性高、缺乏专业性，很快地会往M型的另一端移动，在这一端上，生存压力将空前剧烈。

◎面对两岸竞争，该怎么准备？

面对这样的局面，你该怎么做准备？

在我工作的第一阶段，成为台湾企业的高级主管已经是很高的目标，但现在，既然中国大陆市场崛起，为什么我们不能把梦做大？我建议年轻人，一开始就要有"两岸移动"的规划。

第22章 | 给80后们：职场头十年的梦想与理想

工作上，我时常往返中国大陆和台湾，亲身体验台湾80后和中国大陆80后的不同。我发现台湾年轻人还是相对具有创意，对工作的承诺度高，加入一家公司后，愿意长期与公司一起成长。

至于中国大陆的年轻人，他们非常渴望学习。我曾分别在中国大陆和台湾的公司里举办内部训练班，如果安排在假日上课，大陆同事普遍不会排斥，把上课看成多出来的学习机会；但台湾同事因为重视生活，大多不喜欢在假日上课。另一个差异点，则是大陆同事对"站出来表现自己"的欲望很强。我只要去中国大陆出差，身旁的中国大陆同事不分职位高低，一定非常积极地帮我提计算机包；但台湾同事则不会。我倒不是鼓励大家一定要帮主管拿公文包，你也可以说这些中国大陆的管理人员的动作是讨好主管，但从这样的行为，可以看出他们在主管面前非常希望表现自己，"出头"的愿望很强。

台湾年轻人相对谦虚，把焦点集中在把事做好，这并没有什么不好。不过，假如今天公司有一项挑战性任务需要找人扛，你能不能马上站出来，举手争取这份责任？只要有这样的自信和雄心，就会远比帮主管提包，更快成为对公司重要的人才。

无论如何，我对台湾年轻人在大中华市场脱颖而出，还是很有信心的。中国大陆企业对"台湾货"有相当高的肯定，很欣赏台湾工作者的工作纪律和态度。80后，即使你们没办法像上一个时代的人一样，一到中国大陆就直接当经理人，但只要多学一点对岸年轻人的积极性和主动性，一样很有潜力站上舞台的中央。

◎别忘了"你的理想"

瞭望着更广大的世界时，作为过来人，我有个真心的提醒。

小时候被问起"我的理想"，当时敢大声说出"我要当领袖"、"我要当科学家"的自己，为什么长大后，对梦想却越来越沉默？

我想，很可能是在成长过程中，我们慢慢看到限制，开始害怕失败。但作为年轻人，你们好不容易在学校学成一身功夫，不要太快失去年少的勇敢。一旦描绘出理想和梦想，就要积极找方法。职场是场30年的马拉松比赛，你该学习的是，怎么把人生志愿切割成30个"一年计划"、怎么分阶段去执行。这个步骤才是让梦想成真的工程。

永远不要忘记第一次写《我的理想》时拥有的雄心壮志，趁职场头十年，埋下种子，好好耕耘，相信它一定会开出让你惊喜的花朵。

★ **给 80 后们的叮咛**

1. 分辨你的专业和兴趣

它们不是二者只能选一的考题,而是各自投注多少时间、资源的组合。

2. 看清你的机会和竞争

两岸大市场是你的新机会,但大中华区的人才竞争,同样空前激烈。

3. 记住你的初衷与梦想

不要忘记少年的勇气,现实并不是它最大的敌人,能否把抽象的梦想变成一个又一个的"一年计划",持续进行,才是决定梦想枯萎或绽放的理由。

第 23 章 给 70 后们：聪明面对人生分水岭

35 岁往往被视作一道人生关卡，仿佛这时候还没做出一番成绩，以后就无法出头了。我不认为这么绝对，但确实它也是个提醒，站在向上或向下的分水岭上，光阴已然不容虚度。

在这个阶段，你一定要把握三点：确定方向、抓住机会、自我突破。

70 后们已经工作 5~10 年，走到从专业职务跨向管理者的转折点，体能跟心智都在人生的黄金时期，此刻正是爆发力最强的时候。

这个阶段的朋友，我认为可以分成三种状态：如果你表现很杰出，已担任部门甚至高级主管，就是所谓"领先群"；如果你还是中级干部，可以称为"中间群"；又或者你起步晚，目前仍停留在基层员工，这就姑且称为"追赶群"。不论是哪一种，我都建议，你不能再原地踏步、没有目的地摸索了，请把握以下三点：确定方向、把握机会、自我突破。

◎找到明确方向

"方向"对"领先群"而言,通常已经非常明确,倒是"中间群"和"追赶群"的朋友,或许对此还有困惑。

若还是不确定,那要加紧寻找答案。我要先为"中间群"鼓掌,因为在第一阶段有了不错的成绩,才能在组织内扮演承上启下的角色。在"小成"的基础上,未来10年当然要朝更大的舞台发展。如果现在对所处产业、公司、市场都还有所犹豫,要尽快厘清,否则一来有机会敲门时,可能把握不住;再者,过了35岁再想进行职业生涯上的大改变,难度也只会更高。

要是你落在"追赶群",我衷心建议,不妨仔细想想,过去10年,别人多做了些什么事?

有时候可能是自己"当局者迷",始终没发现某些一直存在的盲点。比如说,为什么一份工作总是做不久?也许你认为自己还没找到"满意"的工作,但话说回来,若老用放大镜来看每家公司、每个职务,恐怕真的很难找到全然没有缺点的工作。

另外,你有没有冷静地反思过自己?承认个性上有需要调整的地方?比如,明明知道在职场上不是光靠一个人努力就够,人际关系也很重要,但自己偏偏不信邪,就是恃才傲物,不肯在做人和团队合作上下功夫。

除了这些,还有另外一个可能是,你一直慢慢地走,对速度并不着急,但10年过去,才突然发现自己不知不觉已到35岁的分水岭,却比别人慢了一大拍。

尽管处于落后需要追赶的状况,但我认为,不需要自怨自艾,在职场上,"大器晚成"的人大有人在。关键在于,之后要怎么加速。要是现在落后20%,未来10年怎么追回来?是不是每天要比别人多努力20%,包括增加10%的付出以及提高10%的效率?应该做哪些调整,才能进入下一个阶段?

眼前的小输、小赢,其实不会影响人生的大胜或大负,千万不要因为35岁前不如别人优秀,就觉得自己没有更大的可能。不过,前提一定是要力求突破造成现状的瓶颈,别再继续浪费时间。

◎ 把握机会

关于挑战未知,我建议"领先群"可以大胆尝试更不一样的机会。35~45岁是人各方面都最成熟的时候,如果你能承担改变的风险,不妨去挑些"难事"来做。

如同当年我也选在这个时间点离开飞利浦(台湾),如果继续留下去，前途是稳定、可预见的；但我选择去一家起步中的台湾企业，固然辛苦，却可以施展浑身解数，开拓另一番不同的局面。

至于"中间群"，在同侪中，你还可以追求更出色的表现，这时候要努力往前冲刺，随时抓住出线的契机。

而对"追赶群"来说，在重新检讨、找出方向后，就要把自己放在新的跑道上，用120%的速度全力超前。

◎ 自我修炼和突破

70后离开学校已经有段不算短的时间了。学习，而且是各式各样的学习，反倒是现在最需要好好做的功课。

对"领先群"的你，为了迎接更大的蜕变，当然要持续学习。事实上，即使你对工作所需的技能和态度都已经游刃有余，但产业变化实在太快，你得随时做好跨界的准备。比如说，你本来当的是业务员，如果要继续往上走，可能得再懂些财务会计、技术或营销。别把自己的专业限定成单一职业，如此才能扩大视野。千万记住，再大的杯子，也要先把自己倒空，才能加进更多的水。

有一点我要提醒的是，我观察到，有些人因为位于"领先群"，一旦从专业岗位晋升到管理岗位后，常让自己累得半死、在管理"人"上显得格外辛苦。

针对"新一代"的下属,你在管理上也要与时俱进,讲的是平等、真心和创意。我们只是用不同的管理方式,去面对不同的"客户"而已。当然,70后们上有50后、60后的老板,下要带领80后、90后的下属,作为"三明治主管",确实比较辛苦,如果你因此觉得疲倦,我认为保持运动习惯仍是最好的方法。

以我为例,我每天早起慢跑,让我保持一天的活力去面对工作。别说没时间,在办公室找零碎的空当儿,比如开会中场几分钟,也可以换个动作,扶着桌面练习一下两脚悬空、收紧腹部。平常上下班改走楼梯、不乘电梯等,都是好方法。

"中间群"由于还不是领先一族,所以得通过学习精进,才可能晋升成"领先群"。在自己的位子上,你的专业要更深耕,虽然不像"领先群"对跨界学习有那么迫切的需求,但我建议,你还是要提前做好跨领域的准备。

另一个给"中间群"的建议是,你还有个更大的课题要探索:怎么让自己赢得更高的关注度。我认为可以尽快扩大自己的"人际网络"。在你的专业领域中,是否有专业组织或聚会可以加入?或是下班后,是否有其他的社交场合能帮你开阔视野?通过更丰富的人际关系延伸,除了带来新的学习和刺激,他们也可能成为你未来工作上的贵人。

当然，"追赶群"在自我充实跟修炼上，不啻是需要投入最多的一群。不仅至少要像"中间群"般努力，还要有更多的执行跟实践。今天既然已经落后于同辈，你要有更高的危机意识，更积极地比别人用更多时间来锻炼自己。

看到坊间有那么多畅销书教大家"35岁前该做的事"，就知道"35岁"现在是个多么引人焦虑的数字。它往往被视作一道人生关卡，仿佛这时候还没做出一番成绩，以后就无法出头了。我不认为有这么绝对，但确实它也是个提醒，站在向上或向下的分水岭上，光阴已然不容虚度。所以，70后们，别再摸索徘徊了！一旦确定方向，时时刻刻充电，你就在前往巅峰的路上！

★ **给 70 后们的叮咛**

1. 已经进入职场 5～10 年,不妨审视一下自己在同侪间的发展速度:是领先、居中,还是落后?

2. 不管现状如何,都不能再犹豫盘旋,必须确定方向、瞄准机会,然后全力以赴。

3. 专业、跨界或拓展人脉的学习,是此时最重要的功课。

第24章　给60后们：打好人生下半场

60后的同仁们，我们已经在职场过了差不多一半，接下来，该怎么打好人生下半场？

我是1967年生人，等于60后中刚好一半是我的学长、一半是学弟。除了年纪已经接近半百，职业生涯也差不多打完上半场。在"不惑"和"知天命"这两个阶段衔接的当下，我们该怎么思考接下来的人生下半场？

所谓"打好人生下半场"，涵盖的方面应该不只有事业成就，我想从健康、生活、工作三个方面分别来谈一谈。

◎照顾好你的身体

观察身边的朋友踏入中年，伴随高所得、高收入、高职位而来的，是另一项"三高"——高血压、高脂肪、高血糖。有些人身体开始发福，腰围变得比胸围还宽，至于上一次流汗是什么时候也想不起来。

过去几年，因为陪伴罹患肝癌的母亲走过人生最后一段路，我自己对健康有很高的警惕，所以这 5 年来，我维持早餐吃素，午餐也几乎有 2/3 的场合会选择吃素。除了控制饮食清淡外，我每天早上持续慢跑 3000 米，这两三年来，也会利用周末时间练习跆拳道。在这样的饮食和运动习惯下，不仅让体能和体重竟恢复到大学时代的水平，甚至带来很多其他方面的影响。

无论工作再忙碌，我都能每天保持神清气爽，第一次发现自己到这个年纪，还能练出结实肌肉时，更让我既高兴又有成就感。最重要的是，33 岁那年检查身体时，我一度发现有脂肪肝；但 10 年过去，43 岁那年再度检查，医生竟说我的脂肪肝消失了！

没有人不知道运动的重要性，只是它太容易被其他的事情所排挤。不过，时间是自己安排的，以我来说，每天不过早起半小时，先到家附近的公园慢跑，回来后洗个澡正好去上班，像二三十分钟这样的空当儿，每天一定会有，只是看你拿来躺在沙发上看电视，还是强迫自己站起身来动一动、喘喘气、流流汗。

我在前面也说过很多次，运动跟意志力很有关系。十几年没练跆拳道，我之所以重拾年少时的兴趣，除了加强体能外，也把它当成某种自我挑战。我想知道：40 多岁的人，能否继续维持像小伙子般的体能？如果我能做到，甚至几年前，我再度通过了跆拳道二段测试，不就证明只要我努力不懈，很多框架其实都能被突破？

前阵子，我遇到一位65岁的老师父，他的功夫段数比我还高，每个动作都比我更灵活。这也再次说明"年龄"不是最大的问题，有没有持之以恒的锻炼，才是维持良好体能的关键。

每个人都会变老，可是身体实际老化的速度却因人而异。是否用心管理运动跟饮食，会决定60后们是开始衰老，还是智慧与经验都已更上一层楼，却仍然拥有充沛的能量。

◎ "三明治族"的生活法则

健康是一切的基础，特别对60后们来说，没有这一项，不足以应对其他所有的挑战。

我喜欢比喻，我们这个年纪的人就像"三明治"：上有父母、下有孩子，都需要照顾。希望工作、家庭都圆满，被挤压的不只有金钱，还有时间跟心力。我不确定自己的做法是不是最理想的方式，但是我一直尽力，希望做到面面俱到。

在照顾父母上，我深深觉得，付出必须要"实时"。当父母逐渐走向晚年，有些事情该做、想做就要马上做，否则很容易变成遗憾。

我母亲在她50十多岁时被检查出患有肝硬化，8年后，因为肝癌过世。对我来说，这样的安排是幸也是不幸。不幸的是，做子女的，当然希望母亲能一路陪伴；但从另一方面来说，知道母亲罹患肝硬化之后，老天爷等于提前给了我们兄弟姊妹一声提醒，从那时起，我和弟弟就尽量分配时间，轮流带母亲到各地游山玩水。母亲刚过世不久，我曾有感而发地写下一段话，虽然非常不舍母亲终究离去，但回头去看，我们并没有太多的遗憾。

至于和另一半的相处，说来好玩，我在职场上常被公认为口才很好，但关于说服自己的妻子这件事，却没有这么擅长，常常得多花很多时间。结婚15年来，我必须承认，自己很多地方做得不够完美，但总归起来，我的体验是："夫妻之间，要少争一点是非，多留一点包容。"

毕竟，人生中很多事情是没有对错可言的，唯有双方多一点对彼此的理解，两个人才能继续牵手走下去。比如说，"三代同堂"对我们夫妻就是种考验。因为我的老家在台中，年轻时，两个人难免为每隔多久回台中探望父母一次，有些不同意见。我希望对父母尽孝，可是另一端有时就必须牺牲一些家庭时间。类似这样的生活考验还有很多，每一次都需要耐心沟通，找到双方都能接受的做法。

这当中，要如何才能做到"不计较"？我相信每对夫妻都有自己的心得，很难一以贯之，但我想分享以前飞利浦（台湾）老长官庄钧源的一段话。在我结婚后不久，有一次庄钧源和我聊起结婚后感觉如何？我还没回答，他就说："结婚后与结婚前最大的不同，是你得练习把对方的缺点当成优点来欣赏。"听完后，我报以热烈掌声，这就是和另一半相处的最高境界。

就像佛家的境界："一念放下，万般皆明。"夫妻相处也有异曲同工之妙，放下无谓的坚持，并无不可，争执自然化解于无形。这一块，我也还在学习跟改变。

最后谈到亲子间的关系，我虽不是育儿专家，但有个儿子正在念小学的我，也有些自己的想法。

小孩成长得很快，如果你的小孩还不满10岁，我建议你要把握这段和小孩相处的黄金时期。我曾听过有朋友为了工作，一个人外派到国外任职多年，出国前，他的小孩不到5岁，一回国，感觉小孩好像瞬间已长大为青少年。我其实很反对这样的职业生涯选择，如果一定要争取到国外打拼的机会，最好还是带着家人一同前往，不要轻易错失这段无法重来的宝贵岁月。

◎工作上,有没有更大的可能?

除了照顾好身体、照顾好家人之外,尽管即将进入人生下半场,我还是鼓励大家放胆去想:"我有没有更大的可能?"

到了这个年纪,很多人难免想着"守成"就好,但我倒觉得,前面积累了丰富的历练,现在反而是创造"增值服务"的时候。像我,在去年43岁之际,才开始帮媒体撰写专栏,对我来说也是新的尝试。除了意外增加奥图码的品牌曝光率,我一边写,自己也提高不少对文字的敏感度,过去反而都没有这样的练习。

即使进入下半场,每一天仍要全力以赴。60后们仍然可以笑对迎风险,只是此时所谓的"冒险",并不是有勇无谋地去"赌",而是看到好机会,有更准确的判断,能够勇敢地去把握,那么,谁说人生下半场,就不能有全新的风景?

★ 给 60 后们的分享

1. 步入中年，健康是一切

对饮食和运动都要有规律的管理。

2. 作为上有父母、下有妻小的"三明治族"，记得给家人多一点时间

对上，尽孝要及时；对另一半，少争点是非，多留点包容；对子女，要把握他们成长的宝贵岁月。

3. 不要失去好奇心和学习力

即使进入人生下半场，你还是有机会再度发现全新的自己。